Leitfaden für den Unterricht in Eisenkonstruktionen an Maschinenbauschulen

Von

Professor Dipl.-Ing. L. Geusen
Oberlehrer an den Königl. Vereinigten Maschinenbauschulen
in Dortmund

Mit 173 Textfiguren

Springer-Verlag Berlin Heidelberg GmbH
1915

ISBN 978-3-662-23351-1   ISBN 978-3-662-25398-4 (eBook)
DOI 10.1007/978-3-662-25398-4

Vorwort.

Der vorliegende Leitfaden verdankt seine Entstehung einer An
regung des Direktors der Königl. Höheren Maschinenbauschule in
Stettin, Herrn Prof. Brahtz. Sein Zweck ist ein doppelter: einmal
das Diktat im Unterricht zu ersetzen und die dadurch gewonnene Zeit
den Konstruktionsübungen bereitzustellen, dann aber zur Unterstützung dieser Übungen selbst mustergültige Beispiele der wichtigsten
Einzelanordnungen zu bieten.

Der Umfang geht nicht über das durch den Lehrplan für die Höheren
Maschinenbauschulen Vorgeschriebene hinaus; trotzdem zwang die
Rücksicht auf die Preisstellung noch dazu, alles auf die Berechnung
der Konstruktionen Bezügliche in Kleindruck zu setzen. Dadurch ergab
sich aber andererseits zwanglos der Vorteil, den Leitfaden auch an den
Maschinenbauschulen verwenden zu können, deren Lehrgebiet das in
Großdruck Gesetzte umfaßt; der rechnerische Teil wird für diese Schulen
zu Übungsaufgaben in der Mechanik (besonders in der 1. Klasse) und
für die in das Eisenkonstruktionsfach übertretenden Schüler als Führer
zur Weiterbildung willkommen sein.

Für die Konstruktionsübungen in der Höheren Maschinenbauschule wäre die Aufnahme der Sonderkonstruktionen der Masten sowie
der einfachen Kran- und Brückenbauten nicht ohne Wert gewesen;
die Rücksicht auf das vorgeschriebene Lehrgebiet sowie auf Umfang
und Preis des Leitfadens ließ es aber schließlich als zweckmäßig erscheinen, diese Konstruktionen in einem besonderen zweiten Heft zu
behandeln, das voraussichtlich in Jahresfrist erscheinen wird.

Herrn Direktor Prof. Brahtz und seinem Lehrerkollegium bin ich
für die gegebene Anregung und Unterstützung in gleicher Weise wie
der Verlagsbuchhandlung für ihr allzeitiges Entgegenkommen zu Dank
verpflichtet.

Dortmund, im September 1914.   **L. Geusen.**

		Seite
VII.	Dachkonstruktionen	39
	A. Die Binder	39
	1. Querschnittsausbildung	39
	2. Ausbildung der Knotenpunkte	43
	3. Ausbildung der Stäbe zwischen den Knotenpunkten	45
	B. Die Pfetten	45
VIII.	Die wichtigsten Dachdeckungen eiserner Dächer	46
	I. Falzziegeldeckung	46
	II. Holzzementdeckung	47
	III. Asphaltpappedeckung	47
	IV. Wellblechdeckung	47
	V. Glasdeckung	49
IX.	Fachwerkwände	52
X.	Treppen	54
	I. Die einzelnen Teile einer Treppe	54
	II. Gemischt eiserne Treppen	55
	III. Rein eiserne Treppen	57
	IV. Wendeltreppen	58

I. Die zu Bauzwecken verwendeten Eisensorten. Schutz des Eisens gegen Rost und Wärme.

I. Eisensorten. Die zu Bauzwecken verwendeten Eisensorten sind:

1. Gußeisen (graues Gießereiroheisen): $k_z = 0,5\,k_d$, daher vorwiegend zu auf Druck beanspruchten Konstruktionsteilen (z. B. Säulen, Auflagerplatten) verwendet. Leichte Formgebung.

2. Flußeisen: $k_z = k_d$, daher sowohl zu auf Zug als auch auf Druck als auch gleichzeitig auf Zug und Druck (d. h. auf Biegung) beanspruchten Konstruktionsteilen verwendet. Es kommt in folgenden Hauptformen zur Verwendung:
   a) Bleche: glattes Blech, Riffelblech, Wellblech (flaches und Trägerwellblech), Tonnen- und Buckelbleche.
   b) Flacheisen (Universaleisen) und Vierkanteisen.
   c) Rundeisen.
   d) Profileisen: Deutsche Normalprofile für Walzeisen:
   Träger: ⊢-, ⊔- und Z-Eisen.
   Stabeisen: ∟-, ⊥-, ⌐-, ∧- und ▨-Eisen.

3. Flußstahl:
   a) gegossen als Stahlformguß (zu Auflagerteilen von verwickelter Form).
   b) geschmiedet als Flußstahl (zu Keilen, Bolzen, Kugeln, Zylindern).
   „Normalbedingungen für die Lieferung von Eisenkonstruktionen für Brücken- und Hochbau"!

II. Reinigung und Rostschutz.

1. Reinigung der einzelnen Eisenteile vor ihrer Zusammensetzung zu ganzen Konstruktionen, und zwar
   a) mechanisch mit Schabern, Drahtbürsten, Putzlappen oder Sandstrahl.
   b) chemisch in einem verdünnten Salzsäurebad — Kalkwasserbad — Sodalaugebad — Heißwasserbad — Leinölfirnisanstrich.

2. Anstrich der beim Vernieten aufeinanderfallenden Flächen (Bleimennige- oder nochmaliger Leinölanstrich).

3. Vernieten der Konstruktion. Nietung auf der Baustelle möglichst einzuschränken.

4. Dichtung der Fugen durch Kitt bzw. bei wasserdichten Konstruktionen durch Verstemmen.

5. Grund- oder Grundierungsanstrich (Bleimennige) in der Werkstatt.

6. Versand der Konstruktion.

7. Montage der Konstruktion.

8. **Ergänzung und Ausbesserung des Grundanstrichs.**

9. **Deckanstrich (Ölfarbe).**

Anmerkung. Statt der Farbe häufig ein Überzug aus **Metall**, und zwar:

a) **Zink:** Die chemisch gereinigten Stücke kommen in das flüssige Zinkbad; Gewicht des Zinküberzuges mindestens 0,5 kg/qm Oberfläche.

b) **Blei:** teurer, daher seltener als Verzinken.

c) **Zink und Blei** (verzinkt-verbleien): bei mit Säuren stark verunreinigter Luft.

III. Wärmeschutz. 1. Das Eisen verliert bei einer Erwärmung über 300° hinaus immer mehr und mehr an Festigkeit, so daß es schließlich nach vorhergegangener starken Durchbiegung unter dem Einfluß der Lasten zusammenbricht und fest mit ihm verbundene Mauern mit zum Einsturz bringt.

Wo daher eine so weitgehende Erhitzung (z. B. durch Brandausbruch) zu erwarten ist, sind sämtliche sichtbaren Eisenteile zum Schutz gegen den unmittelbaren Angriff der Hitze und Flammen zu ummanteln, z. B. mit Klinkern in Zementmörtel, Beton ohne oder mit Eiseneinlagen, Rabitzputz, Asbest, Korkstein u. s. f.

2. Das Eisen dehnt sich bei fortschreitender Erwärmung so stark aus, daß dadurch leicht fest mit ihm verbundene Konstruktionsteile (Mauern, Pfeiler, Wände, Säulen) zum Einsturz kommen können.

Wo daher größere Wärmeschwankungen zu erwarten sind (also z. B. stets im Freien) oder wo große Trägerlängen in Betracht kommen, dürfen eiserne Träger nur an einem Ende fest mit anderen Konstruktionsteilen verbunden sein, während sie am andern Ende frei verschieblich zu lagern sind: feste und bewegliche Auflager.

II. Verbindungsmittel.

Das gebräuchliche Verbindungsmittel sind die **Niete**; sie werden nur ausnahmsweise durch **Schrauben** ersetzt, und zwar:

a) wenn der Raum zur Ausbildung des Schließkopfs zu beschränkt ist;

b) wenn die Gesamtdicke der zusammenzunietenden Teile größer als das $2\frac{1}{2}$- bis höchstens $3\frac{1}{2}$-fache des Nietdurchmessers wird (Gefahr des Abspringens der Nietköpfe beim Erkalten);

c) wenn die Verbindung auf **Zug** beansprucht wird;

d) bei beweglichen Anschlüssen;

e) wenn auf der Baustelle nicht genietet werden soll (z. B. zur Verminderung der Kosten) oder darf (z. B. wegen Feuersgefahr).

Die gebräuchlichen Nietdurchmesser sind:

d =	6	8	10	13	16	20	23	26	30 mm,
mit einer Scherfläche von				1,3	2,0	3,1	4,2	5,3	qcm,
bezeichnet durch					✳	✛	✺	✹	

oben (vorn) versenkt: ✳, unten (hinten) versenkt: ✳, beiderseits versenkt: ✳, Schraube: ✴.

A. Berechnung der Nietverbindungen.

Hat ein Stab die Kraft P auf Zug oder Druck zu übertragen, so erfordert er die Fläche

$$1) \qquad F = \frac{P}{k}.$$

Wird P durch den Scherwiderstand des Eisens übertragen, so ergibt sich ebenso

$$F_s = \frac{P}{k_s} \text{ oder mit } k_s = \frac{3}{4} \, k: \ F_s = \frac{4}{3} \, \frac{P}{k} \text{ oder nach Gl. 1)}$$

$$2) \qquad F_s = \frac{4}{3} \, F.$$

1. Einschnittige Nietverbindung. (Fig. 1a.) Da ein Niet die Scherfläche $\frac{\pi\,d^2}{4}$ hat, haben n_s Niete die Scherfläche $n_s \cdot \frac{\pi\,d^2}{4}$; sie müssen die Scherfläche F_s haben; daher ergibt sich die auf Abscheren erforderliche Nietanzahl zu

$$3) \qquad n_s = \frac{F_s}{\left(\dfrac{\pi\,d^2}{4}\right)}.$$

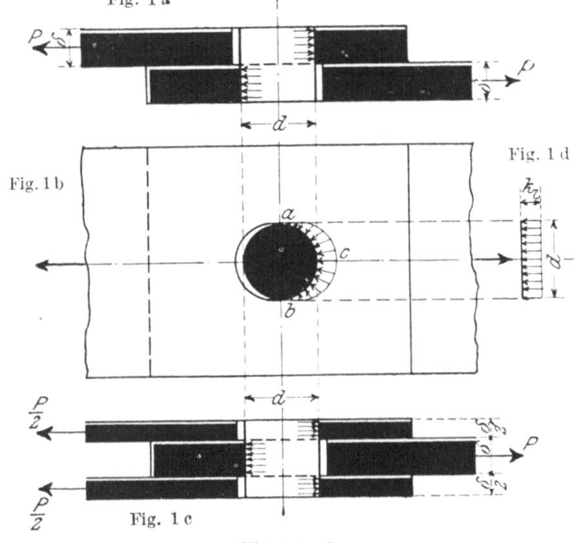

Der Druck auf die Nietwandung (Lochlaibungsdruck) verteilt sich ungleichmäßig auf den halben Umfang $\frac{\pi\,d\,\delta}{2}$ (Fig. 1 b); für die Rechnung nimmt man eine gleichförmige Druckverteilung, dafür aber als gedrückte Fläche für ein Niet nur die Projektion $d\,\delta$ des Umfangs (Fig. 1 d). Ist k_l der zulässige Lochlaibungsdruck, so können daher n_l Niete die Kraft $n_l \cdot d\,\delta\,k_l$ übertragen; sie müssen aber die Kraft P übertragen; daher ergibt sich

$$n_l \; d\,\delta k_l = P \text{ oder mit } k_l = 2 \, k_s: \ n_l = \frac{P}{2\,d\,\delta k_s} \text{ oder mit } \frac{P}{k_s} = F_s$$

die auf Lochlaibung erforderliche Nietanzahl

$$4) \qquad n_l = \frac{F_s}{2\,d\,\delta}$$

Für die Ausführung sind soviel Niete zu wählen, wie die größere der Zahlen n_s und n_l angibt. Soll $n_l = n_s$ sein, so muß $\frac{\pi\,d^2}{4} = 2\,d\,\delta$, also

$$5) \qquad \delta = \frac{\pi}{8} \, d = {\sim}\, 0{,}4\,d$$

sein. Diese Bedingung soll bei gut durchgebildeten Konstruktionen stets erfüllt sein.

2. Zweischnittige Nietverbindung. (Fig. 1c.) Da ein Niet hier die Scherfläche $2\,\dfrac{\pi\,d^2}{4}$ hat, ergibt sich die auf Abscheren erforderliche Nietanzahl zu

6)
$$z_8 = \frac{F_8}{2\left(\dfrac{\pi\,d^2}{4}\right)}$$

Die auf Lochlaibung erforderliche Anzahl ergibt sich wie vorher zu

7)
$$z_1 = \frac{F_8}{2\,d\,\delta}$$

Auch hier ist für die Ausführung die größere der beiden Zahlen z_8 und z_1 maßgebend. Die aus $z_1 = z_8$ folgende Bedingung $\delta = \dfrac{\pi}{4}\,d = \sim 0,8\,d$ ist selten erfüllt.

B. Anordnung der Nietverbindungen.

1. Einreihige Vernietung. (Fig. 2.) Abstand der Niete vom Rand in der Kraftrichtung $e = 2\,d$ bis ausnahmsweise $1,5\,d$; senkrecht zur Kraftrichtung $e_1 = 1,5\,d$ bis $2\,d$.

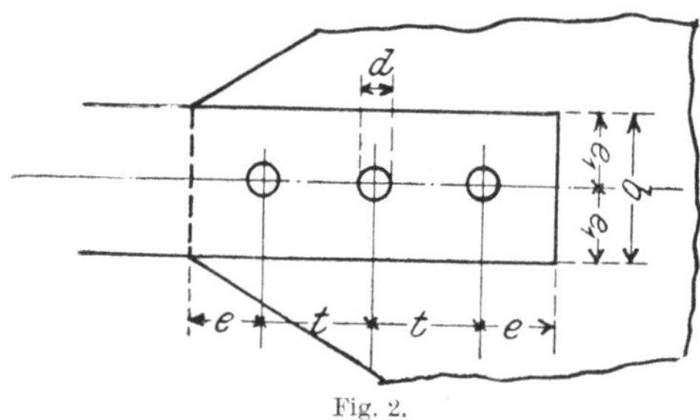

Fig. 2.

Da $b = 2\,e_1$ ist, so folgt $b = 3\,d$ bis $4\,d$ und umgekehrt

$$d = \frac{b}{3} \text{ bis } \frac{b}{4},$$

Gleichungen, aus denen bei gegebener Breite b der Nietdurchmesser d und umgekehrt bestimmt werden kann.

Abstand der Niete voneinander $t_{min} = 3\,d$ bis ausnahmsweise $2,5\,d$.

2. Mehrreihige Vernietung. (Fig. 3.) Die Anordnung der Niete muß zur Mittellinie des Stabes symmetrisch sein. In der ersten Nietreihe (I) wird stets nur ein Niet, in jeder folgenden Reihe stets nur ein Niet mehr als in der vorhergehenden angeordnet, damit man bei der Berechnung der wirklich vorhandenen Fläche nur ein Niet abzuziehen braucht. Für die Werkstatt wird nicht das Schrägmaß t, sondern das Maß t_1 angegeben, das leicht zu berechnen und dann auf Null oder 5 abzurunden ist.

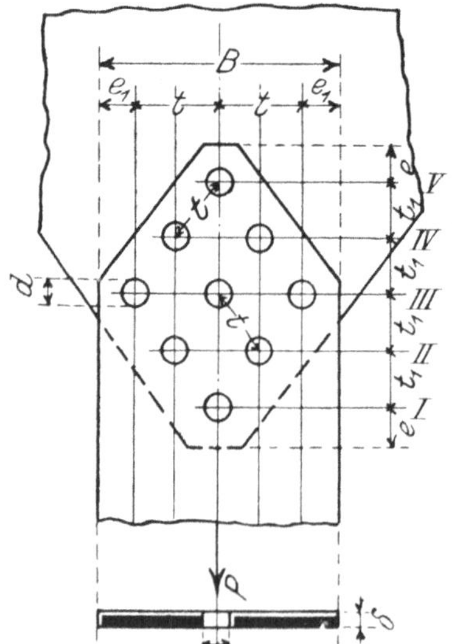

Fig. 3.

3. Nietung in zwei Ebenen. (Fig. 4.) Der Abstand w der Nietlinie (Wurzellinie), das „Wurzelmaß", beträgt

$w = 0,5\,a + 5$ mm, wenn a auf 0 endigt;

$w = 0,5\,a + 2,5$ mm, wenn a auf 5 endigt.

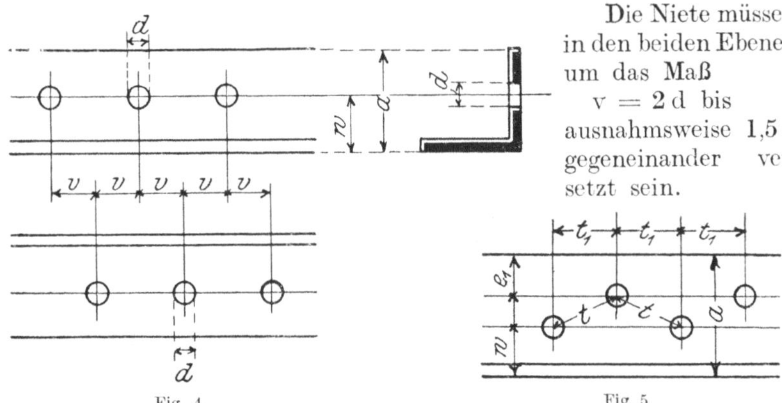

Die Niete müssen in den beiden Ebenen um das Maß

$v = 2\,d$ bis

ausnahmsweise 1,5 d gegeneinander versetzt sein.

Fig. 4.   Fig. 5.

Ist $a > 4\,d$ (Fig. 5), so ordnet man versetzte Nietreihen an, wobei $e_1 = 1,5\,d$ bis 2 d und $w_1 = e_1 + 5$ bis $e_1 + 10$ mm gewählt wird.

C. Beispiele.

1. Aufgabe. Es ist der Stoß eines Flacheisens $\dfrac{200}{12}$ zu berechnen. $d = 23$ mm Durchm.; $k = 1000$ kg/qcm; $k_s = 0,75\ k = 750$ kg/qcm.

Auflösung. Es ist $F = (20,0 - 2,3)1,2 = 21,2$ qcm; $F_s = \dfrac{4}{3}\cdot 21,2 = 28,3$ qcm;

daher nach Gl. 6) $z_s = \dfrac{28,3}{2\cdot 4,2} = 4$ Stück, nach Gl. 7) $z_1 = \dfrac{28,2}{2\cdot 2,3\cdot 1,2} = 6$ Stück.

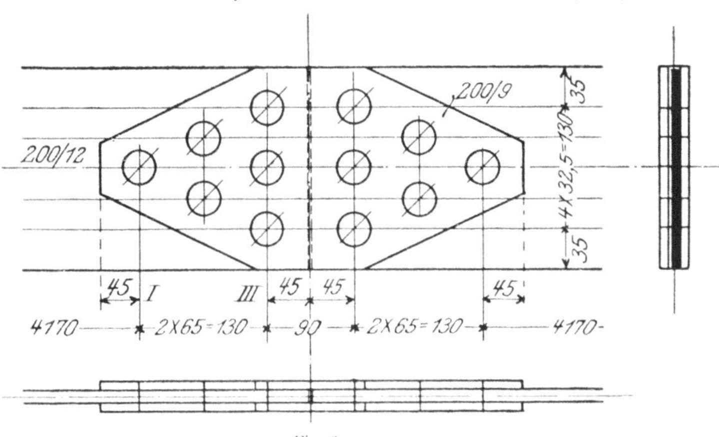

Fig. 6.

Es sind daher an jeder Seite des Stoßes 6 doppelschnittige Niete von 23 mm Durchm. anzuordnen, wie in Fig. 6 dargestellt.

Um die Stärke x der Stoßlaschen zu bestimmen, hat man zu beachten, daß die Laschen in der Reihe III das Flacheisen ersetzen müssen; da sie hier durch 3 Nietlöcher verschwächt sind, ergibt sich 2 (20,0 − 3 · 2,3) x = 21,2, daher x = 0,9 cm.

2. Aufgabe. Es ist der Stoß eines auf Druck beanspruchten $\overline{\lceil 80{:}10}$ zu berechnen; $d_1 = 23$ mm, $d_2 = 20$ mm Durchm.; $k = 1000$ kg/qcm; $k_s = 0,75\,k = 750$ kg/qcm.

Auflösung. $F = 19,0$ qcm; $F_s = \dfrac{4}{3} \cdot 19,0 = 25,3$ qcm.

$\dfrac{120}{10} : F' = 12,0 \cdot 1,0 = 12,0$ qcm; $F_s' = \dfrac{4}{3} \cdot 12,0 = 16,0$ qcm;

$$n_s' = \frac{16,0}{4,2} = 4 \text{ Stück}; \quad n_1' = \frac{16,0}{2 \cdot 2,3 \cdot 1,0} = 4 \text{ Stück.}$$

$\dfrac{70}{10} : F'' = 7,0 \cdot 1,0 = 7,0$ qcm; $F_s'' = \dfrac{4}{3} \cdot 7,0 = 9,3$ qcm;

$$n_s'' = \frac{9,3}{3,1} = 3 \text{ Stück}; \quad n_1'' = \frac{9,3}{2 \cdot 2,0 \cdot 1,0} = 3 \text{ Stück.}$$

Es sind daher an jeder Seite des Stoßes im großen Schenkel 4 Niete von 23 mm Durchm., im kleinen 3 Niete von 20 mm Durchm. anzuordnen, wie in Fig. 7 dargestellt.

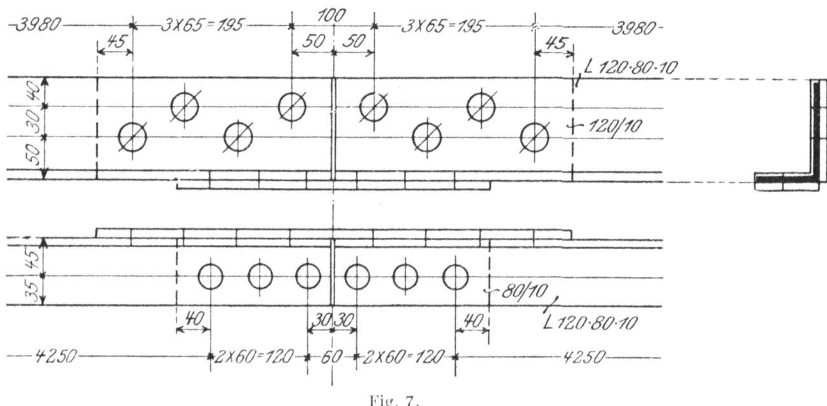

Fig. 7.

3. Aufgabe: Es ist der Anschluß eines auf Zug beanspruchten ⌴ NP. 18 an ein 10 mm starkes Blech zu berechnen. $d = 20$ mm Durchm.; $k = 1000$ kg/qcm; $k_s = 0,75\,k = 750$ kg/qcm.

Auflösung. $F = (28,0 − 2 \cdot 2,0 \cdot 1,1) = 23,6$ qcm; $F_s = \dfrac{4}{3} \cdot 23,6 = 31,6$ qcm.

Steg $\dfrac{180}{8} : F' = 18,0 \cdot 0,8 = 14,4$ qcm; $F_s' = \dfrac{4}{3} \cdot 14,4 = 19,2$ qcm;

$$n_s = \frac{19,2}{3,1} = 6 \text{ Stück}; \quad n_1 = \frac{19,2}{2 \cdot 2,0 \cdot 0,8} = 6 \text{ Stück.}$$

Flansch $\dfrac{62}{11} : F'' = (6,2 − 2,0)\,1,1 = 4,6$ qcm; $F_s'' = \dfrac{4}{3} \cdot 4,6 = 6,1$ qcm;

$$n_s = \frac{6,1}{3,1} = 2 \text{ Stück}; \quad n_1 = \frac{6,1}{2 \cdot 2,0 \cdot 0,9} = 2 \text{ Stück.}^{1)}$$

---

[1] Die Dicke $\delta = 0,9$ im Nenner ist die Stärke des zum Anschluß der Flanschen verwendeten Hilfswinkels 70 · 70 · 9.

Es sind daher im Steg 6, in jedem Flansch je 2 Niete von 20 mm Durchm. anzuordnen, wie in Fig. 8 dargestellt, aus der auch der Anschluß der Flansche mittels Winkeleisen ersichtlich ist.

4. Aufgabe. Es ist der Anschluß eines Rundeisens von $D = 30$ mm Durchm. an zwei je 10 mm starke, 100 mm breite Flacheisen mit einem doppelschnittigen Bolzen zu berechnen. Zugkraft im Rundeisen $P = 4500$ kg; $k = 1000$ kg/qcm; $k_s = 0,75$ k $= 750$ kg/qcm.

Auflösung. Nach Fig. 9, die den Anschluß darstellt, ist ein $1^1/_4{''}$ - Schraubenbolzen mit $F = 8,0$ qcm Schaftfläche und $W = 3,2$ cm³ Widerstandsmoment gewählt. Der Bolzen erleidet das Biegungsmoment

$$M = \frac{P}{2}\frac{D + \delta}{2} - \frac{P}{2}\frac{D}{4}$$

$$= \frac{P}{8}(D + 2\delta)\ \text{oder}$$

$$M = \frac{4500}{8}(3,0 + 2 \cdot 1,0) = 2810\ \text{cmkg},$$

daher die Beanspruchung auf

$$\text{Biegung}\ \sigma_b = \frac{2810}{3,2}$$
$$= 880\ \text{kg/qcm};$$
$$\text{Abscheren}\ \sigma_s = \frac{4500}{2 \cdot 8,0}$$
$$= 280\ \text{kg/qcm};$$
$$\text{Lochleibungsdruck}\ \sigma_l = \frac{4500}{2 \cdot 3,2 \cdot 1,0}$$
$$= 700\ \text{kg/qcm}.$$

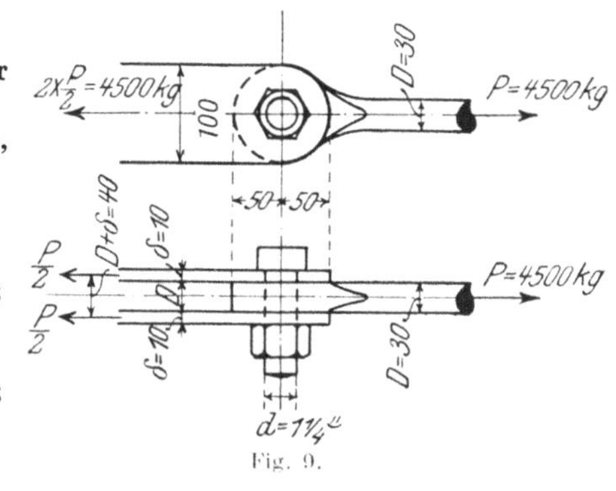

III. Träger.

Ein Träger überträgt die auf ihn wirkenden Lasten durch seinen Biegungswiderstand auf die Auflagerpunkte. Man unterscheidet:

1. Balkenträger, d. s. Träger mit geradliniger Achse, die bei lotrechter Belastung nur lotrechte Drücke auf ihre Stützpunkte über-

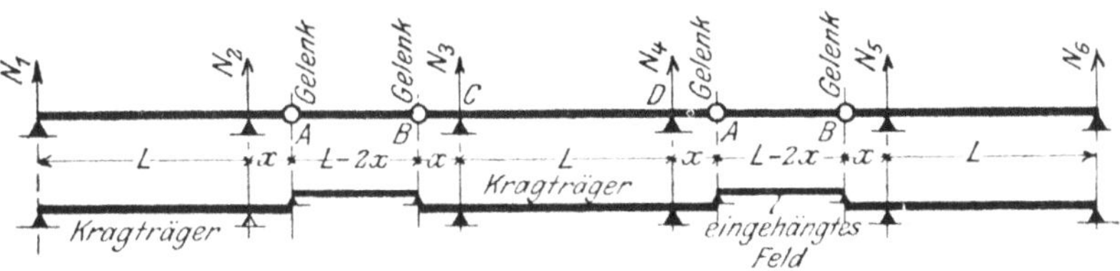

tragen, eingeteilt in a) einseitig eingespannte oder Kragträger; b) Träger auf zwei Stützen mit frei drehbaren oder eingespannten Enden; c) Träger auf mehreren Stützen, entweder α) ununterbrochen durchlaufend (kontinuierliche Träger) oder β) mit Gelenken versehen (Gerberträger, Fig. 10), wobei man die „eingehängten Träger" und die „Kragträger" unterscheidet.

2. Bogenträger, d. s. Träger mit gekrümmter Achse, die bei lotrechter Belastung lotrechte und wagerechte Drücke auf ihre Stützpunkte übertragen, eingeteilt in Bögen ohne Gelenke (eingespannte Bögen, Gewölbe) und Bögen mit ein, zwei oder drei Gelenken (Ein-, Zwei- oder Dreigelenkbögen).

Der Form nach unterscheidet man: 1. Vollwandige Träger, die der ganzen Länge nach einen ununterbrochen durchlaufenden Querschnitt haben (z. B. I-Träger), und 2. Fachwerkträger, die aus einzelnen Stäben zusammengesetzt sind.

A. Berechnung vollwandiger Balkenträger.

1. Berechnung des Trägerquerschnitts. Zur Berechnung eines Trägers (Fig. 11a) müssen gegeben sein:

a) Die Stützweite L; sie berechnet sich aus der Lichtweite L_i zu $L = L_i + 2e$, wobei $e = 0{,}15 - 0{,}40$ m bei Hochbaukonstruktionen, $e = 0{,}25 - 1{,}00$ m bei Kran- und Brückenkonstruktionen.

b) Die Belastungbreite b, die bei nebeneinanderliegenden parallelen Trägern mit der Entfernung dieser Träger voneinander übereinstimmt.

c) Die gleichförmig verteilte Belastung p in kg/qm, aus der sich die gesamte gleichförmig verteilte Last für einen Träger zu $Q = p b L$ berechnet.

d) Die auf den Träger wirkenden Einzellasten P, die auch beweglich sein können, wie z. B. bei Kran- und Brückenträgern.

Aus diesen gegebenen Werten berechnet man das größte Biegungsmoment M_{max}, wobei man die beweglichen Lasten in die ungünstigste Stellung zu rücken hat. Liegt die Achse des Trägers schräg (Fig. 11 b), so berechnet man ihn wie seine Horizontalprojektion.

Aus M_{max} und der gegebenen zulässigen Biegungsbeanspruchung k_b ergibt sich das erforderliche Widerstandsmoment $W = M_{max} : k_b$; der zu wählende Trägerquerschnitt muß dann mindestens ein Widerstandsmoment von der Größe W haben.

Der Abnahme der Biegungsmomente entsprechend kann auch das Widerstandsmoment allmählich verkleinert werden. Zur Berechnung des an irgend einer Stelle x (Fig. 12) erforderlichen Widerstandsmoment W_x hat man das an dieser Stelle auftretende größte Biegungsmoment M_x zu

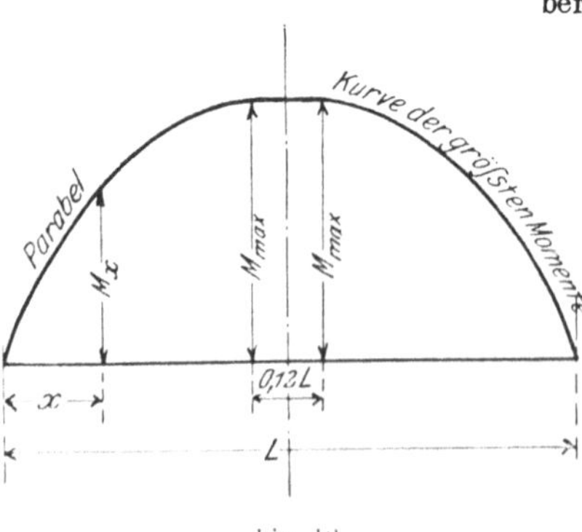

Fig. 11 a und b.

Fig. 12.

ermitteln; trägt man alle diese M_x senkrecht zur Balkenachse auf, so ergibt die Verbindungslinie ihrer Endpunkte die **Kurve der größten Momente**, und diese darf bei einem Träger auf zwei Stützen sowohl für die ständige Last als auch für die bewegliche Verkehrslast durch eine gerade Linie von der Länge 0,12 L und zwei an diese sich tangential anschließende Parabelstücke (Fig. 12) ersetzt werden. Damit ergeben sich die Werte $M_x : M_{max}$ der folgenden Zahlentafel I; für zwischenliegende Werte $\frac{x}{L}$ ist unter Benutzung der Werte $\varDelta \frac{M_x}{M_{max}} : \varDelta \frac{x}{L}$ geradlinig einzuschalten.

Zahlentafel I.

$\frac{x}{L}$	$\frac{M_x}{M_{max}}$	$\varDelta\frac{M_x}{M_{max}} : \varDelta\frac{x}{L}$	$\frac{x}{L}$	$\frac{M_x}{M_{max}}$	$\varDelta\frac{M_x}{M_{max}} : \varDelta\frac{x}{L}$	$\frac{x}{L}$	$\frac{M_x}{M_{max}}$	$\varDelta\frac{M_x}{M_{max}} : \varDelta\frac{x}{L}$	$\frac{x}{L}$	$\frac{M_x}{M_{max}}$	$\varDelta\frac{M_x}{M_{max}} : \varDelta\frac{x}{L}$	$\frac{x}{L}$	$\frac{M_x}{M_{max}}$	$\varDelta\frac{M_x}{M_{max}} : \varDelta\frac{x}{L}$
0,00	0,000		0,10	0,403		0,20	0,703		0,30	0,899		0,40	0,992	
		4,45			3,40			2,35			1,35			0,30
0,02	0,089		0,12	0,471		0,22	0,750		0,32	0,926		0,42	0,998	
		4,25			3,20			2,15			1,10			0,10
0,04	0,174		0,14	0,535		0,24	0,793		0,34	0,948		0,44	1,000	
		4,00			3,00			2,00			0,95			0,00
0,06	0,254		0,16	0,595		0,26	0,833		0,36	0,967		0,46	1,000	
		3,85			2,80			1,75			0,70			0,00
0,08	0,331		0,18	0,651		0,28	0,868		0,38	0,981		0,48	1,000	
		3,60			2,60			1,55			0,55			0,00
0,10	0,403		0,20	0,703		0,30	0,899		0,40	0,992		0,50	1,000	

2. Berechnung der Auflagerung im Mauerwerk. Aus den gegebenen Lasten Q und P berechnet man den größten Stützdruck N, wobei man die beweglichen Lasten in die ungünstigste Stellung zu rücken hat. Aus N, der zulässigen Druckbeanspruchung k_m des Mauerwerks und der bekannten Trägerbreite b berechnet man die erforderliche Auflagefläche $F = N : k_m$ und daraus die erforderliche Auflagerlänge $a = F : b$ (Fig. 13).

Ergibt sich a > h, so wird entweder
α) ein **Werkstein** (bzw. Mauerwerk in Zementmörtel oder Beton) mit der größeren

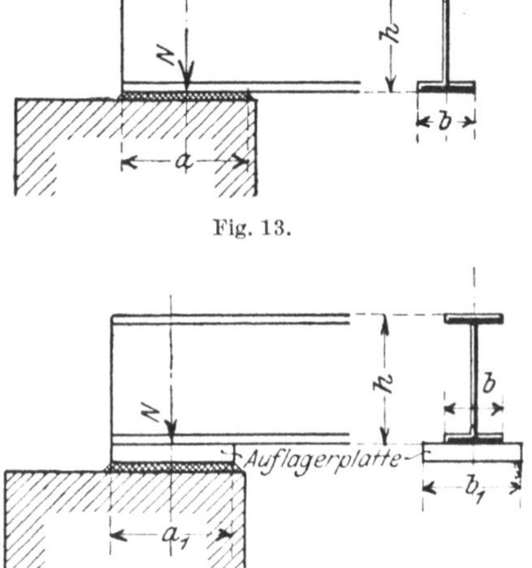

Fig. 13.

Fig. 14.

Fig. 15.

zulässigen Druckbeanspruchung k_w (Fig. 14) untergelegt, wobei dann $F_1 = N : k_w$, $a = F_1 : b$, $a_1 = F : b_1$ ist, oder

β) eine **Auflagerplatte** mit der größeren Breite b_1 (Fig. 15) angeordnet, wobei dann $a_1 = \dfrac{F}{b_1}$ und die Dicke δ der Platte aus der Gleichung $\dfrac{N\,a_1}{8} = \dfrac{b_1 \delta^2}{6}\,k_b$ (Fig. 15a) zu

$$8) \qquad \delta = \sqrt{\frac{3}{4}\,\frac{N}{k_b}\,\frac{a_1}{b_1}} \left\{ k_b = \begin{array}{l} 250 \text{ kg/qcm für Gußeisen} \\ 600 \quad \text{„} \quad \text{„} \quad \text{Stahlformguß} \end{array} \right\}$$

zu berechnen ist, oder endlich

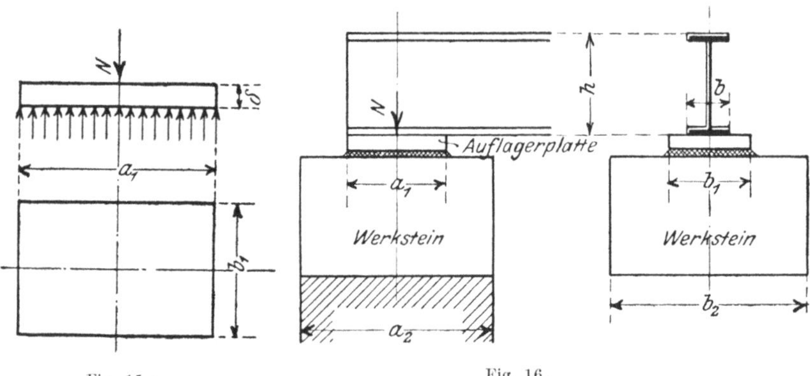

Fig. 15a.   Fig. 16.

γ) **gleichzeitig** eine Auflagerplatte und ein Werkstein (bez. Mauerwerk in Zementmörtel oder Beton, Fig. 16) angeordnet, wobei $a_1 = F_1 : b_1$ und $a_2 = F : b_2$ ist.

B. Konstruktion vollwandiger Balkenträger.

Die Träger werden als auf Biegung beanspruchte Konstruktionsteile mit Rücksicht auf die größere Festigkeit des **Flußeisens** durchweg aus diesem Material hergestellt.

Nur dort, wo nicht die gute Materialausnutzung, sondern die leichte und billige **Formgebung** ausschlaggebend ist (z. B. bei Auflagerplatten, Trägerzwischenstücken, im Maschinenbau) wird Gußeisen bez. Stahlformguß verwendet.

1. Querschnittsform. Soll eine Querschnittsform wirtschaftlich zur Verwendung als Träger sein, so muß

a) die Schwerachse in der Mitte der Höhe liegen; denn da für Flußeisen die zulässigen Beanspruchungen auf Zug und Druck gleich groß sind, sollen auch die tatsächlich auftretenden größten Zug- und Druckspannungen in den äußersten Fasern gleich groß sein;

b) die Hauptmasse der Flächenteile möglichst weit von der Schwerachse entfernt liegen, damit das Trägheitsmoment und damit auch das Widerstandsmoment möglichst groß wird.

Beide Bedingungen erfüllt der ├─┤-förmige Querschnitt.

a) *Gewalzte* ├─┤-*Profile:* I (Normalprofile und Differdinger), ⊔-, Z-, ∧-Eisen.

Eine Verstärkung der gewalzten Träger kann erzielt werden durch:

α) **Auf- und untergelegte Flacheisen** (Gurtplatten oder Lamellen, Fig. 17): ungünstig wegen der Nietverschwächungen, die bei der Berechnung des Trägheits- bzw. Widerstandsmoments in Rechnung zu stellen sind.

Die Niete zwischen Flansch und Lamellen sind erforderlich, um bei der durch die Belastung erzeugten Durchbiegung des Trägers eine Verschiebung der Lamellen zu verhindern; diese Verschiebung (v in Fig. 18) ist am Auflager am größten. Man kann sie sich durch eine zwischen Flansch und Lamelle wirkende Kraft H hervorgerufen denken, und eben diese Kraft H ist durch die Niete aufzunehmen, deren Entfernung t voneinander daher ein bestimmtes Maß nicht überschreiten darf. Schneidet man am Auflager ein Trägerstück von der Länge t heraus (Fig. 19), so wirken an diesem Stück außer den beiden Kräften H noch der Stützdruck N und die Scherkraft V = N an der Schnittstelle. Das Gleichgewicht erfordert V t = H h, daher t = H h : V. Die Kraft H muß durch den Scherwiderstand der beiden hintereinandersitzenden Niete vom Durchmesser d aufgenommen werden, so daß $H = 2 \cdot {}^1\!/_4 \pi d^2 k_s$ wird, da die Lamellenstärke stets die Gl. 5) erfüllen soll. Der kleinste Nietabstand am Auflager wird daher

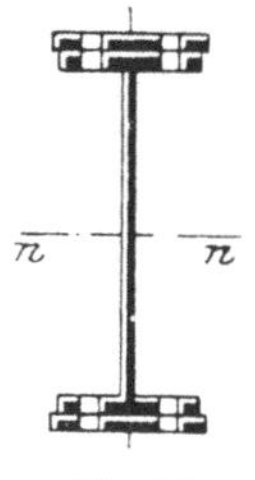

$$9) \qquad t_{min} = \frac{\pi d^2 h k_s}{2 V}.$$

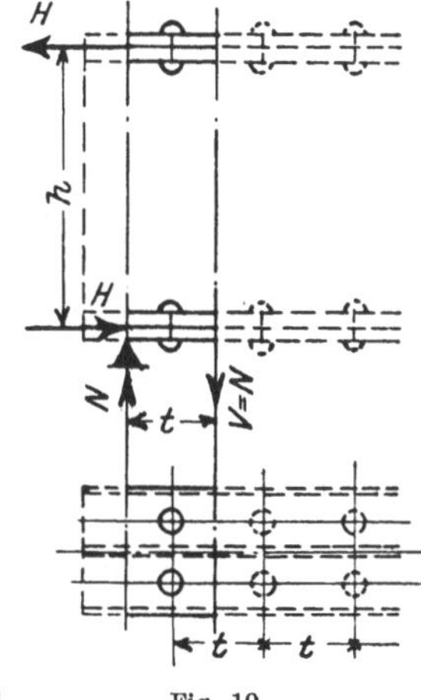

Fig. 17.

Gegen die Trägermitte hin wird die Scherkraft V geringer, so daß t größer gewählt werden kann, wobei indessen

$$t_{max} =$$
$$10) \quad \begin{cases} 6\,d - 8\,d \text{ im Druckgurt} \\ 8\,d - 10\,d \text{ im Zuggurt} \end{cases}$$

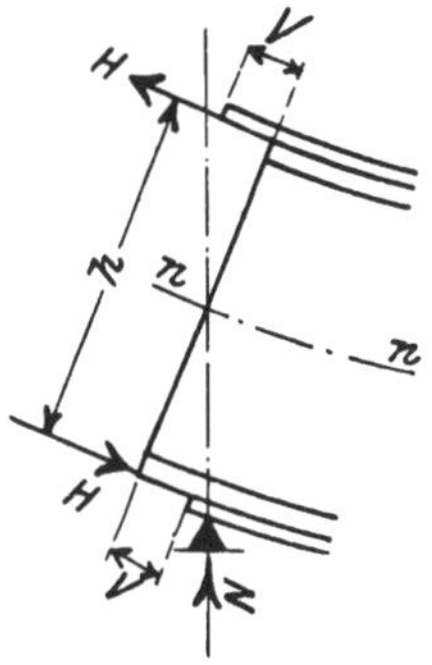

Fig. 18.

Fig. 19.

nicht überschritten werden soll.

β) **Durch Verdoppelung** (bzw. Vervielfachung) der Träger (Fig. 20); damit sich hierbei die nebeneinanderliegenden Träger gleichmäßig an der Lastaufnahme beteiligen, müssen sie in der gleichen Höhenlage erhalten werden; daher werden sie in Abständen von 1,5 bis 2,5 m, vor allem aber da, wo größere Einzellasten angreifen

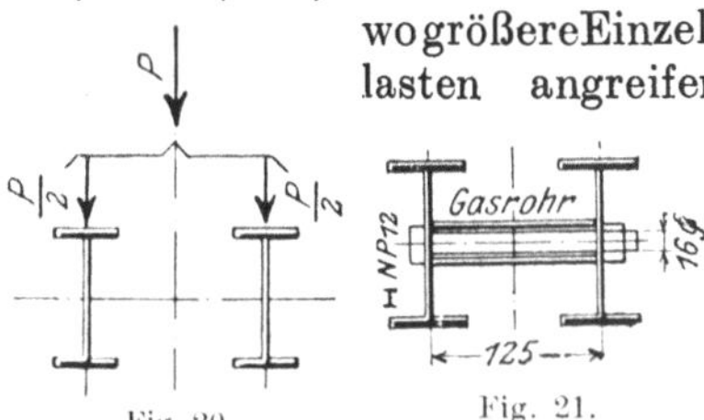

Fig. 20.

Fig. 21.

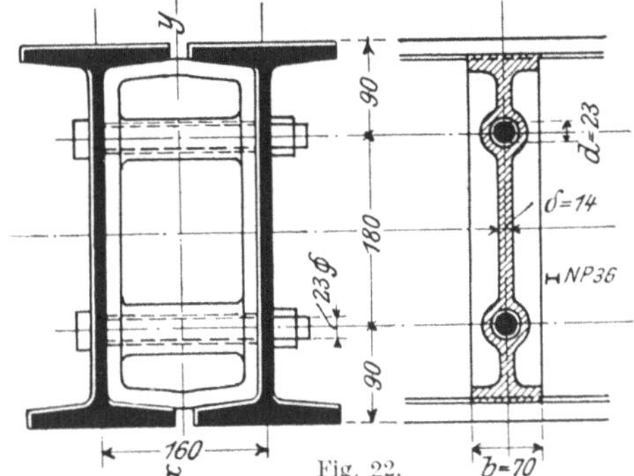

Fig. 22.

(also z. B. stets an den Auflagerstellen), miteinander verbunden, bei kleiner Trägerhöhe (z. B. bei der Überdeckung einer Maueröffnung) durch Schrauben mit übergeschobenem Gasrohrstück (Fig. 21), bei größerer

Höhe dagegen stets mittels eines besonderen gußeisernen Zwischenstücks (Fig. 22), wobei bis etwa 40 cm Höhe 2, darüber hinaus 3 Schrauben angeordnet werden.

Der Schraubendurchmesser d wird bis zu $\vdash$NP. 30 zu 20 mm ($\frac{3}{4}''$), bis zu $\vdash$NP. 40 zu 23 mm ($\frac{7}{8}''$), bis zu $\vdash$NP. 55 zu 26 mm ($1''$), die Breite des Zwischenstücks zu b = 3d, seine Stärke zu δ = 0,6 d gewählt.

b) Genietete $\vdash$-Profile. Ergibt die Rechnung ein Walzprofil von mehr als etwa 40 bis 45 cm Höhe, so ist in vielen Fällen die Verwendung zusammengenieteter $\vdash$-Profile, der „Blechträger", vorteilhafter, die aus Stehblech, Gurtwinkeln (Fig. 23a) und meist Lamellen (Fig. 23b) bestehen. Erfordert die Übertragung der Last eine breite Auflagerfläche (z. B. bei der Überdeckung einer Maueröffnung), so verwendet man die Kastenträger, die aus $\sqcup$-Eisen und Lamellen (Fig. 24a) oder aber meist aus Stehblechen, Gurtwinkeln und Lamellen (Fig. 24b) bestehen.

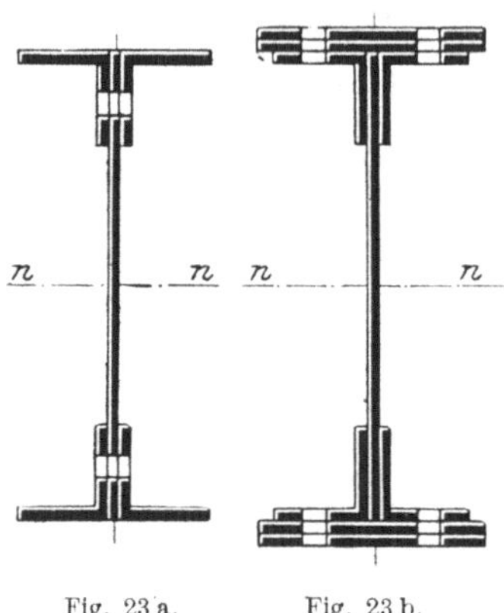

Fig. 23 a.   Fig. 23 b.

Die Stehblechhöhe ist in der Regel durch die Konstruktion selbst bedingt; ist dann F die Querschnittsfläche einer Gurtung (2 Winkel + Lamellen, Fig. 25), so berechnet sich das Trägheitsmoment annähernd zu $J = 2 F (0,5\ h)^2 = 0,5\ Fh^2$ daher das Widerstandsmoment angenähert zu $W = 2\ J : h = F\ h$; die für eine Gurtung erforderliche Querschnittsfläche berechnet sich daher angenähert zu $F = W : h$, wo W das durch Rechnung gefundene erforderliche Widerstandsmoment ist. Ist F gefunden, so muß das genaue Trägheits-

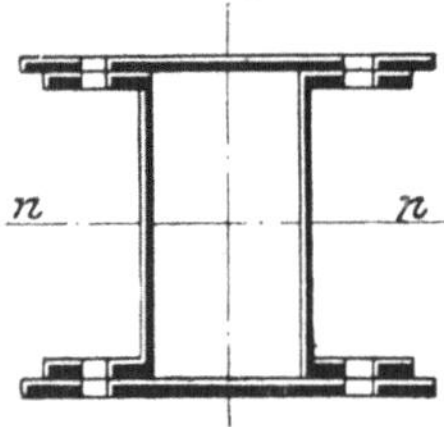

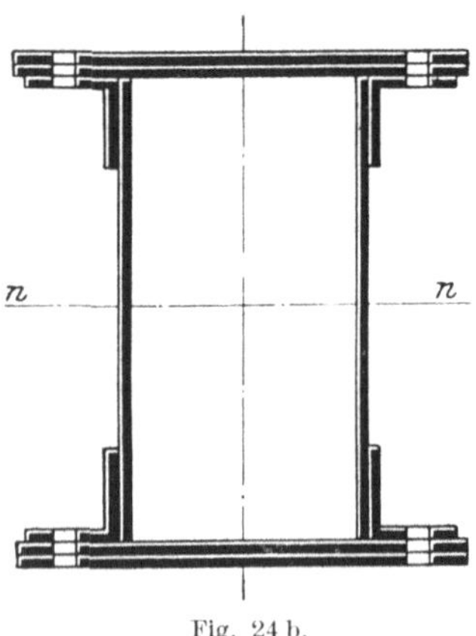

Fig. 24 b.

und Widerstandsmoment unter Berücksichtigung der Nietverschwächungen berechnet werden.

Die genieteten Träger gestatten, den Trägerquerschnitt entsprechend der Abnahme der Momente (Fig. 12) zu verkleinern, sei es durch die (nur selten ausgeführte) Verringerung der Stehblechhöhe, sei es durch Weglassen der Lamellen. Aus der Kurve der größten Momente (Fig. 12) und der zulässigen Biegungsbeanspruchung k_b ergibt sich unmittelbar die in Fig. 26 dargestellte Kurve der größten erforderlichen Widerstandsmomente. Trägt man die wirklich vorhandenen Widerstandsmomente (W_0 für Stehblech + 4 Winkel, W_1 = Stehblech + 4 Winkel + je 1 Lamelle oben und unten, usf.) auf, so erhält man die treppenförmige Linie der Fig. 26, die die Kurve der erforderlichen Widerstands-

Fig. 25.

momente umschließt und unmittelbar die für die einzelnen Lamellen erforderlichen Längen λ ergibt. Diese Länge λ ist in der Ausführung noch beiderseits um diejenige Länge u zu vergrößern, die zur Unterbringung der für die betr. Lamelle erforderlichen Anschlußniete notwendig ist.

Die Entfernung t der Niete, die Gurtwinkel und Stehblech

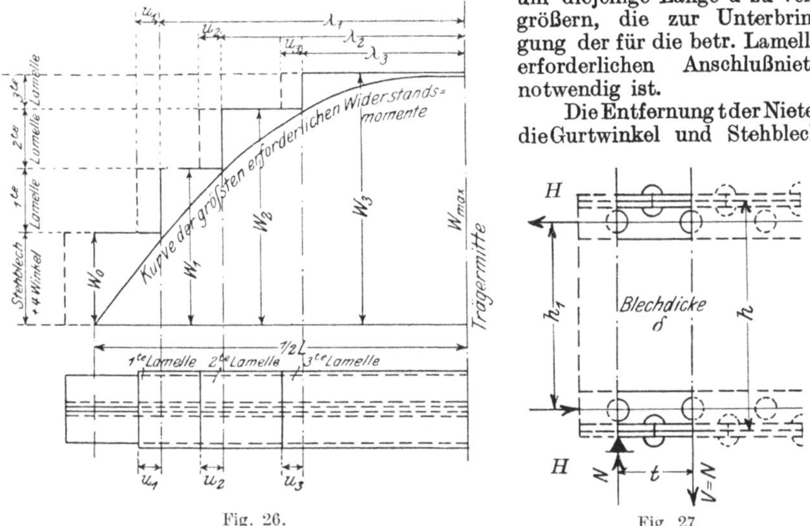

Fig. 26.   Fig. 27.

verbinden, berechnet sich wie vorher nach Fig. 27 zu $t = H\,h_1 : V$, wo h_1 genau genug gleich der Entfernung der Wurzellinien gesetzt werden darf. Da die Niete doppelschnittig sind, die Stehblechdicke δ in der Regel aber $< \frac{1}{4}\,\pi\,d$ ist, so ist die Kraft H gleich dem Widerstand des Niets auf Lochlaibungsdruck, also $H = d\,\delta\,k_l = 2\,d\,\delta\,k_s$ zu setzen; daher ergibt sich die kleinste Nietteilung am Auflager zu

$$11)\qquad t_{min} = \frac{2\,d\,\delta\,h_1\,k_s}{V},$$

wo V gleich dem größten Stützdruck N ist. Entsprechend der Abnahme der Schwerkraft V kann die Nietteilung gegen die Mitte hin vergrößert werden; auch hier bleibt indes Gl. 10) gültig.

Die Nietteilung zwischen Lamellen und Gurtwinkeln wird in der Regel ebenso groß gewählt; sie ist sonst nach Gl. 9) zu berechnen.

Um ein Ausbiegen und Ausknicken der nur

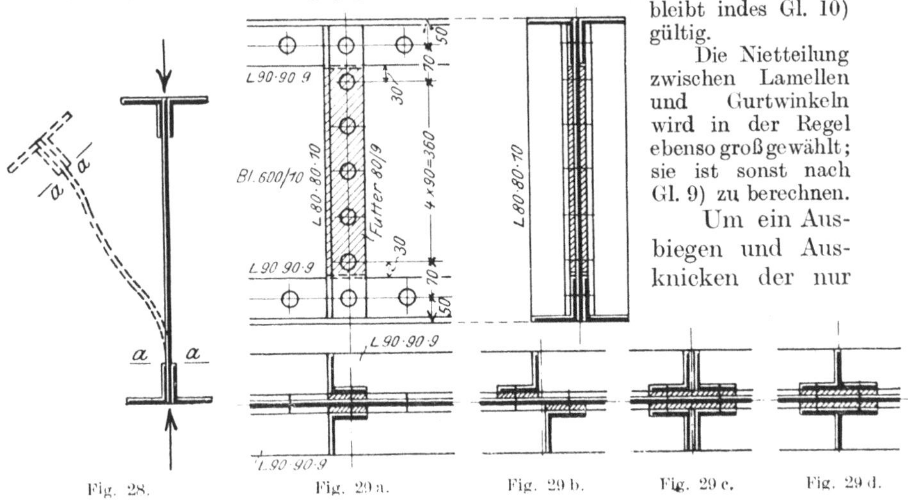

Fig. 28.   Fig. 29 a.   Fig. 29 b.   Fig. 29 c.   Fig. 29 d.

dünnen Stehbleche (Fig. 28) zu verhindern, sind diese in 1,0 bis 1,5 m Entfernung, vor allem aber da, wo größere Einzellasten wirken (insbesondere also stets an den Auflagerstellen) durch seitlich aufgenietete Winkel- (seltener $\perp$-) Eisen auszusteifen (Fig. 29a bis 29d), die mittels Futterstücken über die ganze Trägerhöhe durchzuführen sind.

2. Stoß der Träger. a) Der Stoß eines Trägers wird, wenn irgend möglich, über einem Auflagerpunkt angeordnet; hier ist das Moment gleich Null, und es genügen zur Stoßdeckung zwei seitlich des Stegs bzw. Stehblechs angeordnete Stoßlaschen (Fig. 30).

b) Bei Gerberträgern (Fig. 10) fallen die Stöße mit den Gelenkpunkten (A und B in Fig. 10) zusammen und werden zur Berücksichtigung der Längenänderungen bei Temperaturschwankungen abwechselnd fest (Fig. 31a) und beweglich (Fig. 31b) ausgeführt.

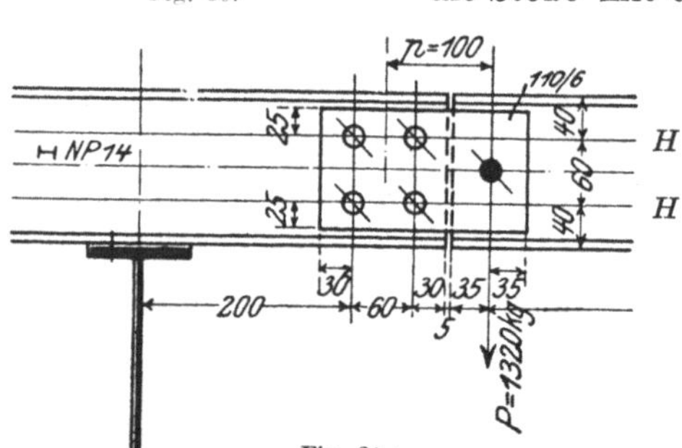

Fig. 30.

Fig. 31 a.

Bei solchen Gelenkanschlüssen haben die Niete außer dem im Gelenkbolzen angreifenden Stützdrucke P auch noch das Moment $M = P\,p$ (Fig. 31a) zu übertragen, das sich mit den Zahlenangaben der Fig. 31a zu $M = 1320 \cdot 10 = 13200$ cmkg berechnet. Jede der beiden Nietreihen erleidet daher eine wagerechte Zusatzkraft H, die sich aus der Gleichung $H \cdot 6,0 = M$ zu $H = 13\,200 : 6,0 = 2200$ kg, also für jedes der beiden Niete einer Reihe zu $0,5\,H = 1100$ kg berechnet. Ein Niet hat daher die Kraft

$$R = \sqrt{(\tfrac{1}{4}\,1320)^2 + 1100^2} = \sim 1160 \text{ kg}$$

aufzunehmen, erleidet daher bei 16 mm Durchm. die Beanspruchung auf

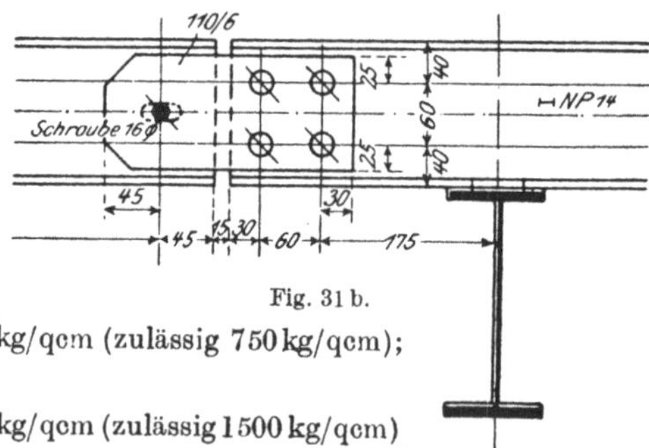

Fig. 31 b.

Abscheren

$$\sigma_s = \frac{1160}{2 \cdot 2,0} = 290 \text{ kg/qcm (zulässig } 750\,\text{kg/qcm);}$$

Lochleibungsdruck

$$\sigma_l = \frac{1160}{1,6 \cdot 0,57} = 1270 \text{ kg/qcm (zulässig } 1500 \text{ kg/qcm)}.$$

Der Gelenkbolzen ist nach Aufgabe 3 zu berechnen.

Die Stoßlaschen erhalten den Querschnitt 110/6, daher die Biegungsbeanspruchung $\sigma_b = \dfrac{13\,200 \cdot 6}{2 \cdot 0,6 \cdot 11,0^2} = \sim 550$ kg/qcm (zulässig 1000 kg/qcm).

Durch passende Wahl der Entfernung x des Gelenkpunktes von der Stütze kann man eine wesentliche Materialersparnis erzielen. Wählt man nämlich (Fig. 32)

$$12) \qquad x = \frac{b}{2}\left(1 - \frac{1}{\sqrt{2}}\right) = 0,1464\,b,$$

so werden in den Mittelfeldern die Momente M_1 im eingehängten Felde, M_2 über der Stütze und M_3 in Mitte Kragträger gleich groß, nämlich

13)
$$M_1 = - M_2 = M_3 = \frac{p\,b^2}{16},$$

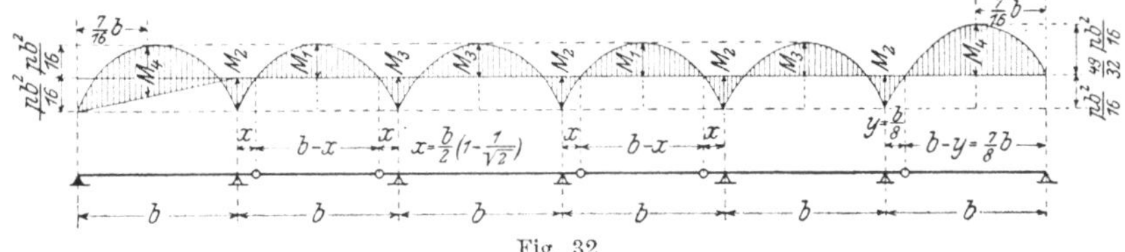

Fig. 32

wenn p die Belastung in kg/m ist. In den Endfeldern tritt das größte Moment im Abstand $^7/_{16}$ b auf mit

14)
$$M_4 = \frac{49}{32} \frac{p\,b^2}{16}.$$

c) Muß der Stoß des Trägers zwischen zwei Stützpunkten angeordnet werden, so ist jeder einzelne Querschnittsteil durch eine besondere Stoßlasche zu decken, derart, daß die Summe der Widerstandsmomente aller Stoßlaschen mindestens gleich dem an der Stoßstelle erforderlichen Widerstandsmoment ist. Jede Stoßlasche ist dabei beiderseits der Stoßstelle mit soviel Nieten anzuschließen, daß die Summe der Nietquerschnitte mindestens gleich dem $^4/_3$-fachen des durch die Lasche gedeckten Querschnittsteils ist.

3. Auflagerung der Träger im Mauerwerk. Bei kleineren Auflagerdrücken werden flußeiserne Unterlagplatten von 15—30 mm Stärke verwendet (Fig. 15).

Bei größeren Stützdrücken werden die Auflagerplatten aus Gußeisen oder Stahlformguß mit gewölbter Oberfläche (Pfeil $^1/_{20}$ bis $^1/_{25}$ der Plattenlänge, zur Vermeidung einseitiger Kantenpressungen), seitlichen Anschlagleisten (20—60 mm breit, 10—20 mm hoch, zur Verhinderung einer seitlichen Verschiebung) und unteren Rippen (40—60 mm hoch, 25—50 mm stark, zur Vermeidung einer Verschiebung auf dem Mauerwerk) ausgeführt (Fig. 33). Zwischen Platte und Auflagermauerwerk wird zur Er-

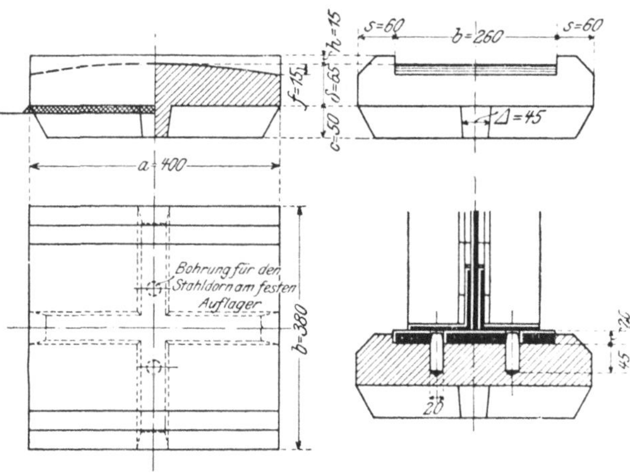

Fig. 33.

zielung einer gleichförmigen Druckverteilung eine Bleiplatte von 5—6 mm oder meist eine Zementschicht (1 Zement + 1 Sand) von 10—20 mm Stärke angeordnet.

Bei einer Wärmeänderung kann der Träger am beweglichen Auflager auf der gewölbten Oberfläche gleiten („Gleitlager"); am festen Auf-

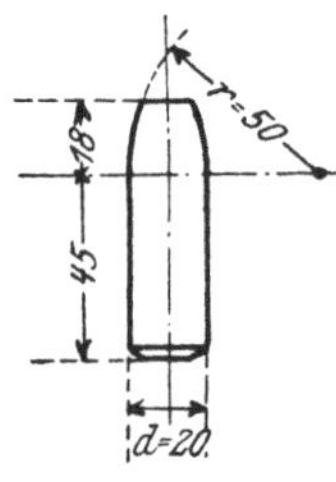
Fig. 34.

lager wird die Verschiebung des Trägers entweder durch einen oder mehrere oben konisch abgedrehte Stahldorne (Fig. 33 u. 34) oder aber durch vorspringende angegossene Nasen (n in Fig. 35) verhindert, die in entsprechende Aussparungen der untergelegten flußeisernen Platte von 15—20 mm Stärke eingreifen.

5. Aufgabe. Der Stützdruck eines Blechträgers beträgt N = 30 100 kg; es ist die Auflagerplatte aus Stahlformguß (k_b = 600 kg/qcm) zu berechnen und zu zeichnen. Zulässige Beanspruchung des Werksteins k_w = 20 kg/qcm, des Mauerwerks k_m = 7 kg/qcm.

Auflösung. Die Auflagerplatte ist in Fig. 33 dargestellt. Mit a_1 = 400 mm, b_1 = 380 mm ergibt sich nach Gl. 8) die erforderliche Plattenstärke zu

$$\delta = \sqrt{\frac{3}{4} \cdot \frac{30\,100}{600} \cdot \frac{40}{38}} = 6{,}5 \text{ cm.}$$

Unter dem Blechträger ist ein flußeiserne Platte $\frac{260}{20}$ angeordnet, so daß die Anschlagleisten eine

Breite von $\frac{380 - 260}{2}$ = 60 mm erhalten. Der Druck auf den Werkstein berechnet sich zu

$$\sigma_w = \frac{30\,100}{40 \cdot 38} = 19{,}8 \text{ kg/qcm.}$$

Der Werkstein erhält 75 cm Länge, 60 cm Breite, daher der Druck auf das Mauerwerk

$$\sigma_m = \frac{30\,100}{75 \cdot 60} = 6{,}7 \text{ kg/qcm.}$$

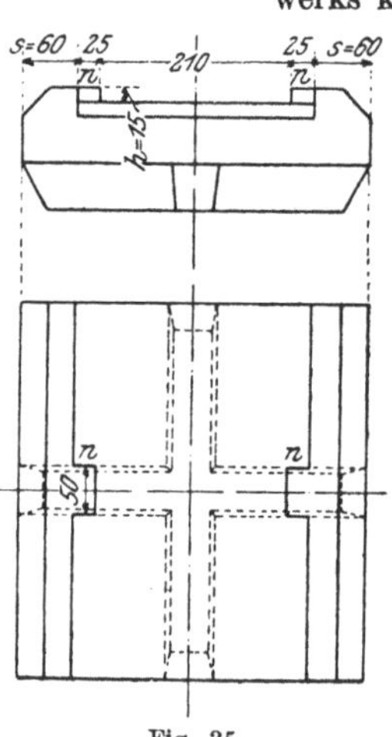
Fig. 35.

4. Anschluß zweier Träger aneinander.

Der Anschluß zweier Träger aneinander erfolgt unter Zuhilfenahme von Winkeleisenstücken (Fig. 36), wobei stets ein Winkeleisen zur Aussteifung des Stegs bzw. Stehbleches und zur Herbeiführung einer möglichst gleichmäßigen Verteilung des vom kleineren auf den größeren Träger übertragenen Stützdrucks über dessen ganze Höhe durchzuführen ist. Zum Anschluß sind, wenn die Rechnung nicht mehr ergibt, mindestens drei Niete zu wählen.

6. Aufgabe. Ein Deckenbalken ⊢ NP. 25 überträgt N = 3250 kg auf einen Unterzug ⊢ NP. 40. Es ist die erforderliche Anzahl der Anschlußniete zu berechnen. d = 16 mm Durchm.; k = 1000 kg/qcm; k_s = ¾ · k = 750 kg/qcm; k_l = 2 k_s.

Auflösung. Nach Gl. 1) wird F = 3250 : 1000 = 3,3 qcm; daher nach Gl. 2)

$$F_s = \tfrac{4}{3} \cdot 3{,}3 = 4{,}4 \text{ qcm und nach Gl. 6)} \quad z_s = \frac{4{,}4}{2 \cdot 2{,}0} = 2 \text{ Stück,}$$

$$\text{Gl. 7)} \quad z_l = \frac{4{,}4}{2 \cdot 1{,}6 \cdot 0{,}9} = 2 \text{ Stück, so daß 3}$$

Niete als Mindestzahl zu wählen sind.

Die Breite der Anschlußwinkel hätte mit 55 mm genügt, ist aber (Fig. 36) zu 65 mm gewählt, um bei der geringen Versetzung der Niete in beiden Schenkeln von nur 20 mm die Ausbildung der Nietköpfe zu ermöglichen.

IV. Säulen.

Eine Säule überträgt die in ihrer Achse wirkenden senkrechten Kräfte durch ihren Druckwiderstand auf die Auflagerpunkte.

Wirken die senkrechten Kräfte außerhalb der Säulenachse, so wird die Säule auf Druck und Biegung beansprucht. Wagerechte Kräfte (Winddruck, Bremskräfte) beanspruchen die Säule auf Biegung.

Jede Säule besteht aus Kopf, Schaft und Fuß.

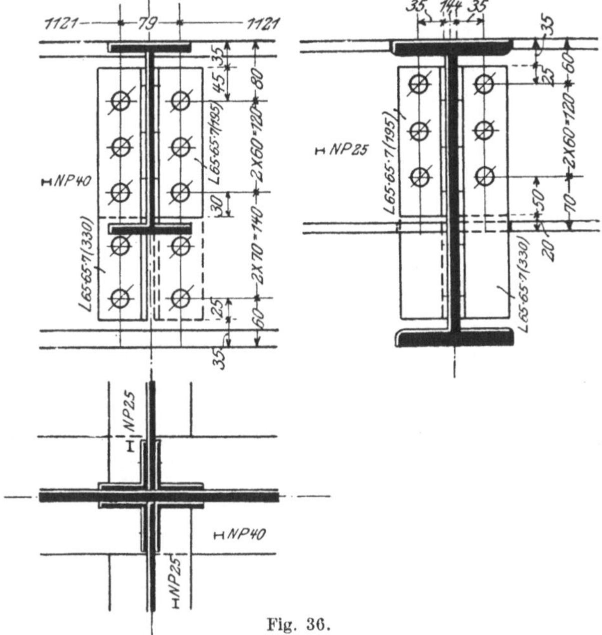

Fig. 36.

Der Säulenschaft ist entweder vollwandig oder fachwerkförmig gegliedert (Pfeiler).

A. Berechnung der Säulen.

1. Berechnung des Säulenquerschnitts. Wirkt in der Achse der Säule von der Höhe h (Fig. 37) die Kraft P, so erfordert sie die Fläche

1) $$F = \frac{P}{k}$$

und, wenn Kopf- und Fußpunkt in der Achse geführt, d. h. in der wagerechten Ebene nach allen Richtungen hin unverschieblich gelagert sind, das Trägheitsmoment

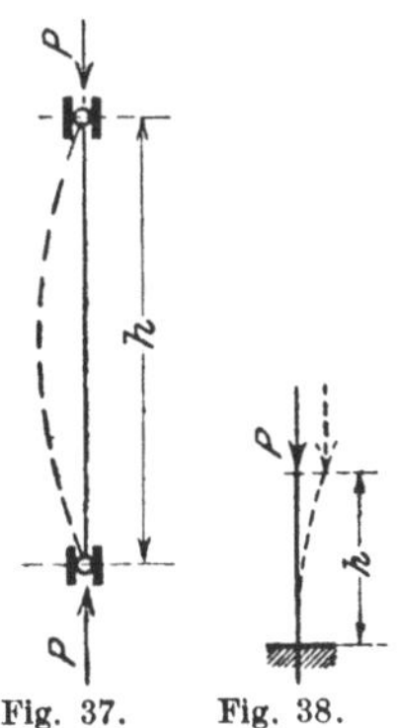

15) $J_{min} = 0,5\ \mathfrak{S}\,P_1\,h_1{}^2$ bei Flußeisen mit der Sicherheit $\mathfrak{S} = 5$,

16) $J_{min} = \quad \mathfrak{S}\,P_1\,h_1{}^2$ bei Gußeisen mit der Sicherheit $\mathfrak{S} = 8$,

wobei P_1 die Säulenkraft in **Tonnen**, h_1 die Säulenlänge in **Meter** bedeutet.

Ist die Säule unten eingespannt, ihr Kopfpunkt aber nicht in der wagerechten Ebene unverschieblich gelagert (Fig. 38), so wird

$J_{min} = 2\ \mathfrak{S}\,P_1\,h_1{}^2$ bei Flußeisen und $J_{min} = 4\ \mathfrak{S}\,P_1\,h_1{}^2$ bei Gußeisen.

Fig. 37. Fig. 38.

7. Aufgabe. In der Achse einer am Kopf und Fuß geführten gußeisernen Säule von h = 3,0 m Höhe wirkt die Kraft P = 15 000 kg; es ist der Querschnitt zu bestimmen. k = 500 kg/qcm.

Auflösung. Nach Gl. 1) wird F = 15 000 : 500 = 30,0 qcm, nach Gl. 16)

$J_{min} = 8 \cdot 15,0 \cdot 3,0^2 = 1080$ cm⁴, so daß der in Fig. 39 dargestellte Querschnitt mit $F = 58,9$ qcm und $J = 1167$ cm⁴ genügt.

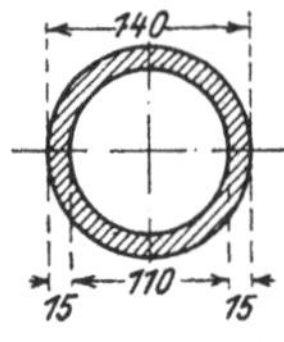

Besteht bei einer flußeisernen Säule der Querschnitt aus zwei oder mehr Einzelteilen, so müssen diese Teile unter sich in gewissen Abständen λ miteinander verbunden werden, damit jeder der n gleichen Querschnittsteile für den auf ihn entfallenden Lastanteil P:n knicksicher ist. Ist i_{min} das kleinste Trägheitsmoment eines Querschnittsteiles, so ergibt sich nach Gl. 15)

$$i_{min} = \frac{\mathfrak{S}}{2} \frac{P_1}{n} \cdot \lambda_1^2 \, ,$$

Fig. 39.

daher die gesuchte Entfernung

$$17) \qquad \lambda_1 = \sqrt{\frac{2\,n\,i_{min}}{\mathfrak{S}\,P_1}} \, .$$

Ergibt sich $\lambda_1 > \dfrac{h_1}{3}$, so ist für die Ausführung $\lambda_1 = \dfrac{h_1}{3}$ zu wählen.

8. **Aufgabe.** In der Achse einer am Kopf und Fuß geführten flußeisernen Säule von h = 5,2 m Höhe wirkt die Kraft P = 40 000 kg; es ist der erforderliche Querschnitt zu bestimmen. k = 1000 kg/qcm.

Auflösung. Nach Gl. 1) wird F = 40 000 : 1000 = 40,0 qcm, nach Gl. 15) $J_{min} = 2,5 \cdot 40,0 \cdot 5,2^2 = 2700$ cm⁴, so daß 2 ⌴ NP. 18 (Fig. 40) mit F = 2 · 28,0 = 56,0 qcm und $J_{min} = 2 \cdot 1354 = 2704$ cm⁴ genügen. Mit n = 2 und $i_{min} = 114$ cm⁴ ergibt sich nach Gl. 17)

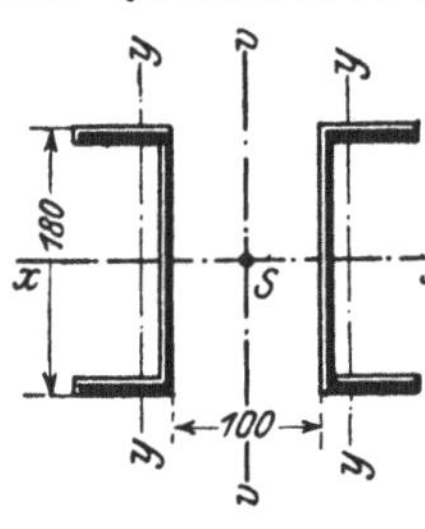

$$\lambda_1 = \sqrt{\frac{2 \cdot 2 \cdot 114}{5 \cdot 40,0}} = 1,5 \text{ m,}$$

so daß die beiden ⌴-Eisen (da 5,2 : 1,5 > 3 ist) in den Viertelpunkten miteinander zu verbinden sind.

Fig. 40

2. Berechnung der Auflagerung. · Die Übertragung des Säulendrucks P in den Baugrund erfolgt in allgemeinster Weise (Fig. 41) durch Fußplatte, Werkstein und Fundamentmauerwerk (in Ziegelsteinen oder Beton). Die zur Druckübertragung jeweils erforderliche Fläche F berechnet sich nach Gl. 1), wobei für k die zulässige Beanspruchung des unterhalb F gelegenen Baustoffs einzuführen ist. Da die Abmessungen des Werksteines und des Fundamentmauerwerks (einschl. etwa aufliegender Erdlast) von vornherein nicht bekannt sind, so werden deren Gewichte vorläufig vernachlässigt und die so errechneten Flächen F entsprechend vergrößert.

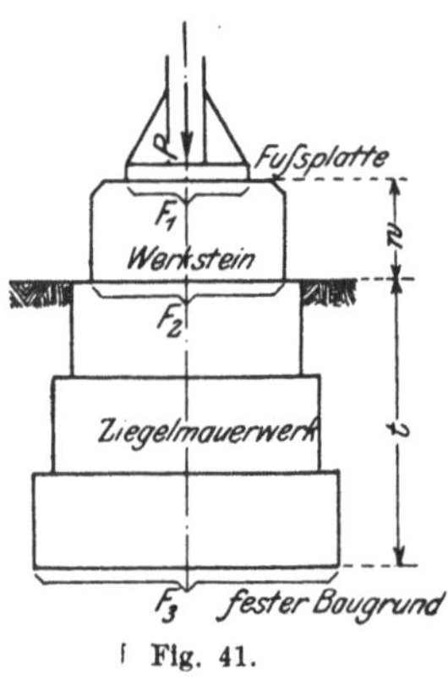

Fig. 41.

9. **Aufgabe.** Der Druck P = 40,0 t der in Aufg. 8 berechneten Säule wird durch einen Sandstein (k_w = 20 kg/qcm) auf das Ziegelmauerwerk (k_m = 7 kg/qcm) und durch dieses in den festen Baugrund (k_f = 2,5 kg/qcm) übertragen. Es sollen die in Fig. 41 eingetragenen Flächen F_1, F_2 und F_3 berechnet werden.

Auflösung. Nach Gl. 1) wird F_1 = 40 000 : 20 = 2000 qcm; gewählt ist eine Auflagerplatte 40 × 50 cm mit 2000 qcm Auflagerfläche.

F_2 = 40 000 : 7 = 5710 qcm; daraus ergibt sich die Seitenlänge des quadratischen Werksteins zu $\sqrt{5710}$ = 76 cm; gewählt ist zur Berücksichtigung des Werksteingewichts 80 cm.

F_3 = 40 000 : 2,5 = 16 000 qcm; daher die Seitenlänge der quadratischen Fundamentfläche $\sqrt{16\,000}$ = 126 cm; zur Berücksichtigung des Eigengewichts sind 5 ½ Stein = 26 · 5,5 — 1 = 142 cm gewählt.

Bei $w = 0,4$ m Höhe und 2400 kg/cbm Einheitsgewicht des Sandsteins, $t = 1,2$ m Höhe und 1800 kg/cbm Einheitsgewicht des Mauerwerks und Erdreichs ergibt sich der gesamte Druck auf den Baugrund zu

$$P_1 = 40\,000 + 0,8^2 \cdot 0,4 \cdot 2400 + 1,42^2 \cdot 1,2 \cdot 1800 = \sim 45\,000 \text{ kg},$$

daher seine Beanspruchung

$$\sigma = \frac{45\,000}{142^2} = 2,3 \text{ kg/qcm (zul. 2,5 kg/qcm).}$$

B. Konstruktion der Säulen.

Da die Säulen auf Druck beansprucht werden, können sie sowohl aus Guß- als auch aus Flußeisen hergestellt werden.

Soll ein Querschnitt wirtschaftlich zur Verwendung als Säule sein, so muß

    a) das Trägheitsmoment für alle Schwerachsen den gleichen Wert haben, damit die Sicherheit gegen Ausknicken nach allen Richtungen hin gleich groß ist;

    b) die Hauptmasse der Flächenteile möglichst weit vom Schwerpunkt entfernt liegen, damit bei möglichst kleinem Flächeninhalt ein möglichst großes Trägheitsmoment erzielt wird.

Die erste Forderung läßt sich für einfache Querschnitte nur bei den kreis- und quadratförmigen und den aus diesen abgeleiteten kreisring- und kreuzförmigen erfüllen, die aber andrerseits wegen der Schwierigkeit des Nietens nur in wenigen Fällen zweckmäßig sind. Man setzt daher den Säulenquerschnitt aus einzelnen Teilen derart zusammen, daß die Trägheitsmomente für die zwei zueinander senkrechten Hauptachsen wenigstens annähernd gleich groß sind.

I. Gußeiserne Säulen. 1. Querschnittsform. Die gebräuchliche Querschnittsform ist die kreisringförmige (Fig. 42), die den oben aufgestellten Bedingungen entspricht.

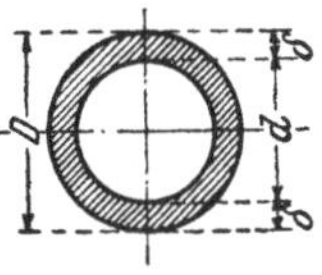

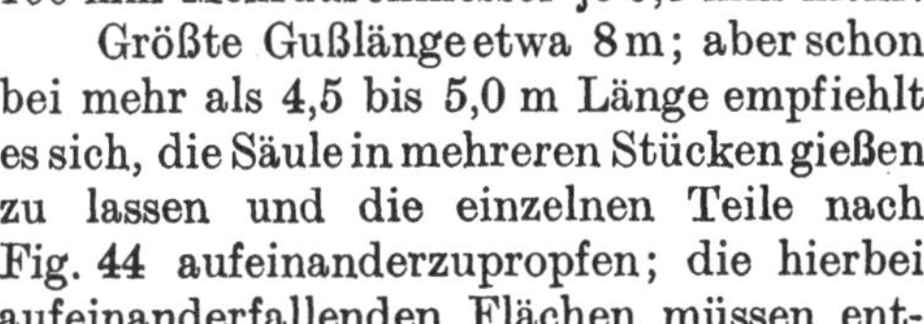

Fig. 42.

Die Säulen werden — falls nichts anderes vereinbart ist — liegend gegossen; hierbei treten teils infolge Durchbiegung des Kerns, teils infolge Auftrieb des flüssigen Eisens leicht ungleiche Wandstärken nach Fig. 43 auf. Daher bestimmen die „Normalbedingungen": Geringste Wandstärke 10 mm; zulässiger Unterschied in den Wandstärken = 5 mm bei Säulen bis 4 m Länge und 400 mm Durchm.; für je 1 m Mehrlänge und je 100 mm Mehrdurchmesser je 0,5 mm mehr.

Größte Gußlänge etwa 8 m; aber schon bei mehr als 4,5 bis 5,0 m Länge empfiehlt es sich, die Säule in mehreren Stücken gießen zu lassen und die einzelnen Teile nach Fig. 44 aufeinanderzupropfen; die hierbei aufeinanderfallenden Flächen müssen ent-

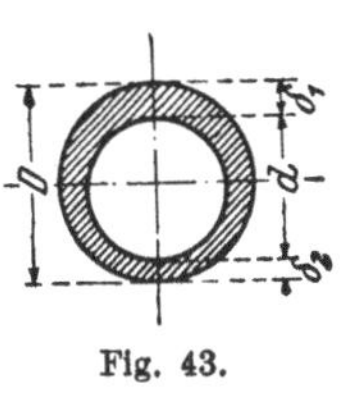

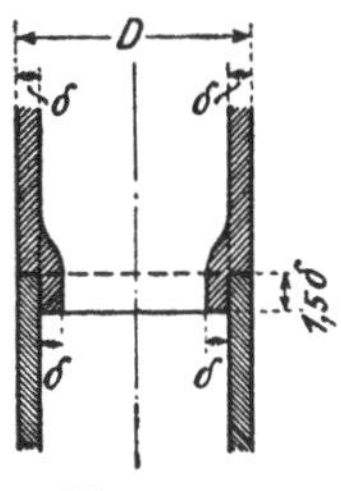

Fig. 43.

Fig. 44.

weder bearbeitet oder durch Zwischenlage eines Bleirings von 2—3 mm Stärke zur vollständigen Berührung gebracht werden. Der obere Säulenteil erhält innen einen um die Wandstärke δ zurückgesetzten ringförmigen Wulst von etwa $1,5\,\delta$ Höhe zur Verhinderung der seitlichen Verschiebung.

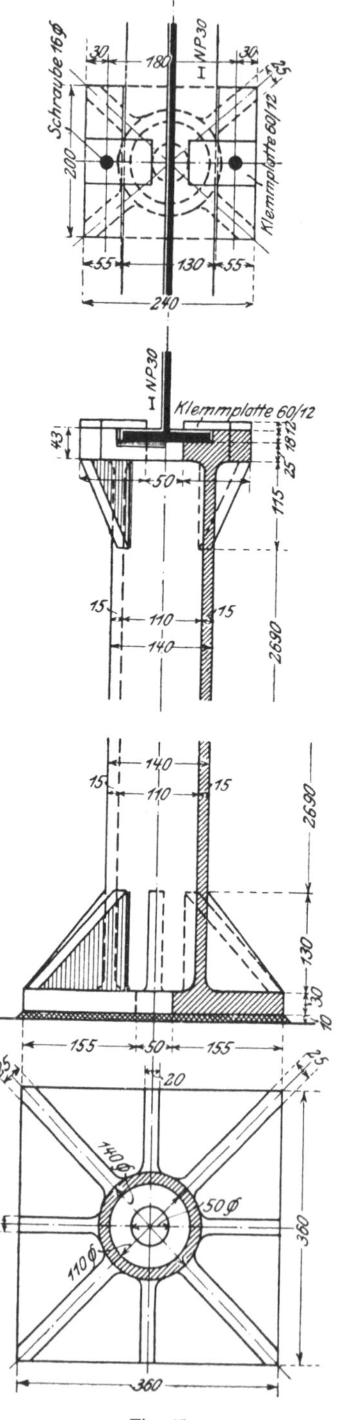

Fig. 45.

2. Kopf- und Fußausbildung.
Kopf und Fuß werden als quadratische
oder rechteckige wagerechte Platten ausgebildet, die mit dem Schaft durch senkrechte Rippen verbunden sind.

Alle drei Teile werden nur bei
kleinen Säulen in einem Stück gegossen, wie in Fig. 45 für die in Aufg. 7
berechnete Säule dargestellt.

Da Kopf- und Fußplatte auf Biegung
beansprucht sind, daher eine größere
Stärke als der auf Druck beanspruchte
Schaft erhalten müssen, so treten an den
Übergangsstellen von Kopf und Fuß
zum Schaft infolge der ungleichen Dicken
und der dadurch hervorgerufenen un-
gleichmäßigen Abkühlung innere Guß-
spannungen auf, die (z. B. beim Verladen
oder bei der Montage) leicht den Bruch
der Säule herbeiführen. Daher wird bei
größeren Säulen jeder der drei Teile:
Kopf, Schaft und Fuß gesondert gegossen, um bei jedem Teil annähernd

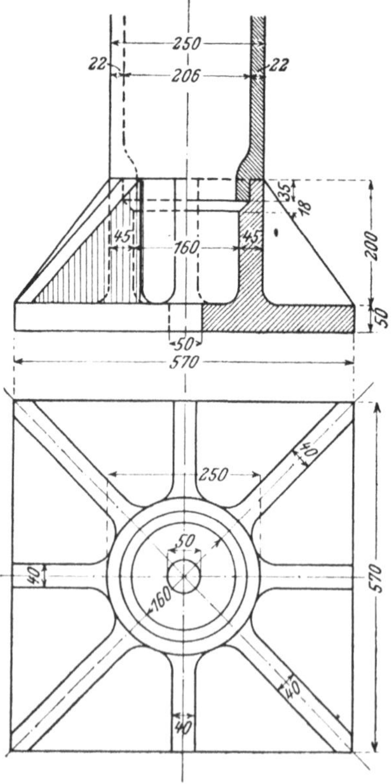

Fig. 46.

überall dieselbe Wandstärke durchführen zu können; die einzelnen Teile werden nach Fig. 44 aufeinandergepropft. Das Beispiel eines Säulenfußes in Fig. 46 läßt auch den Vorteil der einfacheren Montage und des leichteren Vergießens der Fußplatte erkennen.

Zwischen Fußplatte und Auflagermauerwerk wird zur Erzielung einer gleichmäßigenDruckübertragung eine Bleiplatte von 5—6 mm oder eine Zementschicht von 10—20 mm Stärke angeordnet.

II. Flußeiserne Säulen. Ihre Vorzüge sind: große Auswahl in der Querschnittsform; große Baulängen; einfache Stoßverbindungen durch Nieten oder Schrauben; einfacher Anschluß anderer Konstruktionsteile (Träger, Rohr-, Wellenleitungen); vor allem endlich die Möglichkeit, große Biegungsmomente aufzunehmen. Treten solche Momente, sei es infolge exzentrischen Angriffs der senkrechten Lasten oder infolge wagerechter Kräfte, auf, so sind für die Ausbildung der Säulen die Regeln des Abschnitts III über die Träger maßgebend.

1. Querschnittsform. a) Der kreisringförmige Querschnitt, gebildet aus geschweißten Rohren oder Quadranteisen (Fig. 47a und b), findet wegen des schwierigen Anschlusses anderer Konstruktionsteile nur noch sehr selten Anwendung.

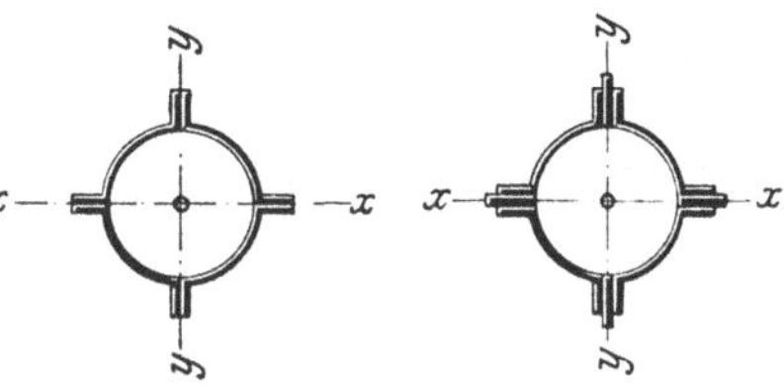

Fig. 47a.   Fig. 47b.

b) Der aus Profileisen zusammengesetzte Querschnitt ist der gebräuchlichste. Der Abstand der Profileisen ist dabei so zu wählen, daß die Trägheitsmomente für die beiden Hauptschwerachsen gleich groß werden.

10. Aufgabe. Wie groß muß der Lichtabstand i der beiden ⊔ NP. 18 der Aufgabe 7 sein, damit die Trägheitsmomente I_x und I_v (Fig. 40) gleich groß werden?

Auflösung. Es ist $I_x = 2 \cdot 1354$ cm⁴, $I_y = 2 \cdot 114$ cm⁴, daher, wenn e den Abstand der Achsen y — y und v — v bedeutet: $I_v = 2 (I_y + 28,0 \cdot e^2)$; da

$$I_v = 2 \cdot 1354 \text{ cm}^4 \text{ sein soll, folgt } e^2 = \frac{1354 - 114}{28,0} = 44,3, \text{ daher } e = 6,67 \text{ cm.}$$

Da die Achse y — y um $x_0 = 1,92$ cm von der Stegkante des ⊔-Eisens liegt, ergibt sich der gesuchte Lichtabstand zu

$$i = 2 (6,67 - 1,92) = 9,5 \text{ cm.}$$

α) Für kleinere senkrechte Lasten wählt man zwei über Kreuz gestellte Winkeleisen (Fig. 48). Eine Vergrößerung der Querschnittsfläche wird durch Verdoppelung (Fig.

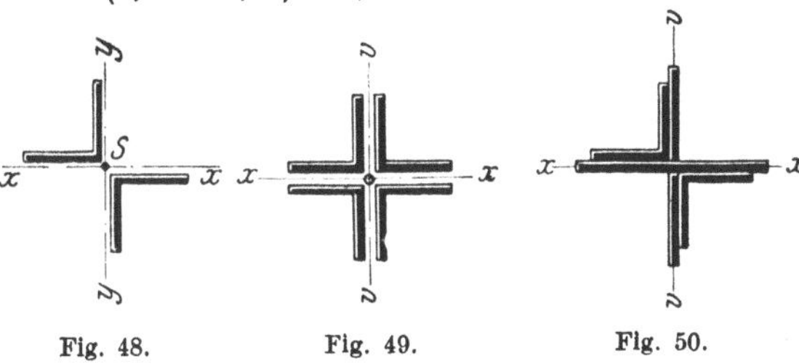

Fig. 48.   Fig. 49.   Fig. 50.

49, wegen der engen Zwischenräume und der damit verbundenen Rostgefahr nicht im Freien zu verwenden) oder durch Einlage von Flacheisen (Fig. 50) erzielt.

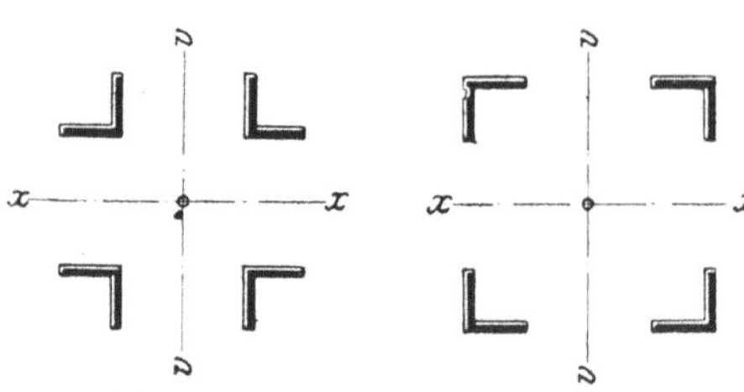

Fig. 51 a.　　　　Fig. 51 b.

Eine Vergrößerung des Trägheitsmoments wird durch Auseinanderrücken der Winkeleisen nach Fig. 51a oder 51b erzielt; letzterer Querschnitt ist der bei Masten (für elektrische Bahnen, Beleuchtung, Seilbahnen) gebräuchlichste.

β) Für größere senkrechte Lasten wählt man den aus 2 ⊔-Eisen (Fig. 52 und 53) oder aus 2 ⊢-Eisen (Fig. 54) zusammengesetzten Querschnitt.

Eine Vergrößerung der Querschnittsfläche wird durch Zwischenlage von ⊢-Eisen (Fig. 55) oder ⊔-Eisen (oft noch mit Flacheisen, wie in Fig. 56) erreicht.

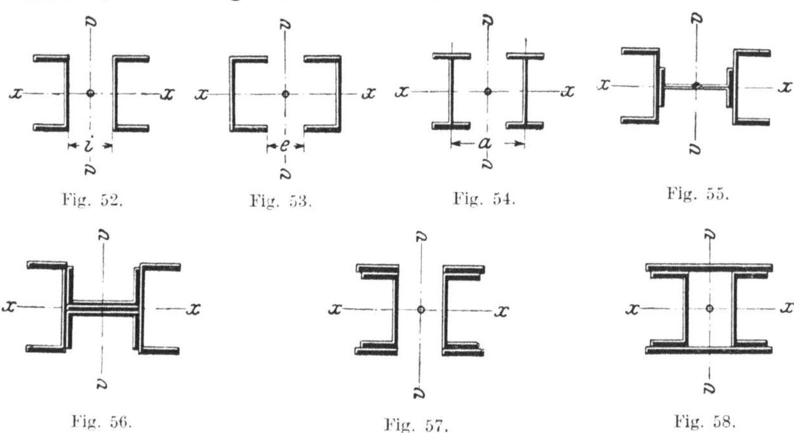

Fig. 52.　　　　Fig. 53.　　　　Fig. 54.　　　　Fig. 55.

Fig. 56.　　　　Fig. 57.　　　　Fig. 58.

Eine Vergrößerung des Trägheitsmoments wird durch Anordnung von Lamellen nach Fig. 57 oder 58 erzielt.

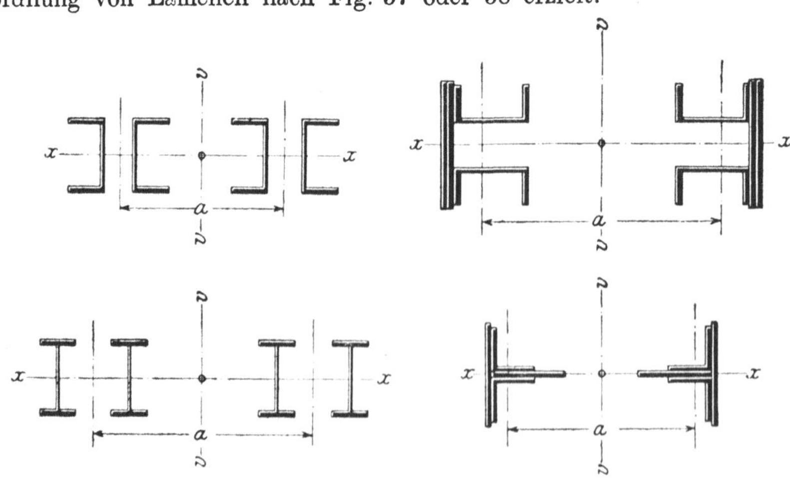

Fig. 59 bis 62.

γ) Ist die Säule dem Angriff größerer Biegungsmomente ausgesetzt, so wird ihr Querschnitt senkrecht zur neutralen Achse auseinandergezogen; die Fig. 59 bis 62 zeigen einige der gebräuchlichsten Anordnungen.

In allen Fällen müssen die nebeneinander-liegenden (nicht durchlaufend miteinander vernieteten) Teile ein und desselben Querschnitts in den nach Gl. 17) berechneten Entfernungen λ, mindestens aber in den Drittelpunkten miteinander verbunden werden, entweder mittels einzelner Bindbleche (Fig. 63) oder bei Einwirkung größerer wagerechter Kräfte mittels einer durchlaufenden Vergitterung (Fig. 64).

Fig. 64 stellt ein häufig vorkommendes Beispiel einer Maschinenhalle dar. Jede Säule besteht aus zwei Teilen, von denen der äußere (die Bindersäule) die Dachbinder, der innere (die Kransäule) die Kranlaufbahn trägt. Jede Säule stellt sich als ein Fachwerkträger auf 2 Stützen von der Spannweite e dar, der mit den von der Kran- bez. Dachkonstruktion herrührenden senkrechten und wagerechten Kräften belastet ist; letztere können dabei wegen der festen Verbindung der Säulenköpfe durch die Binder zu gleichen Teilen auf die beiden Säulen verteilt werden

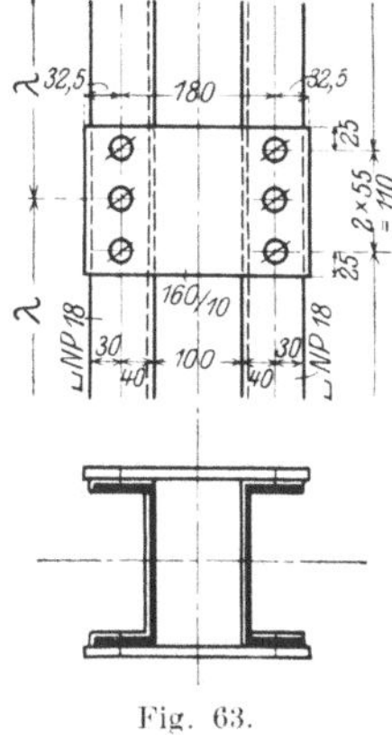

Fig. 63.

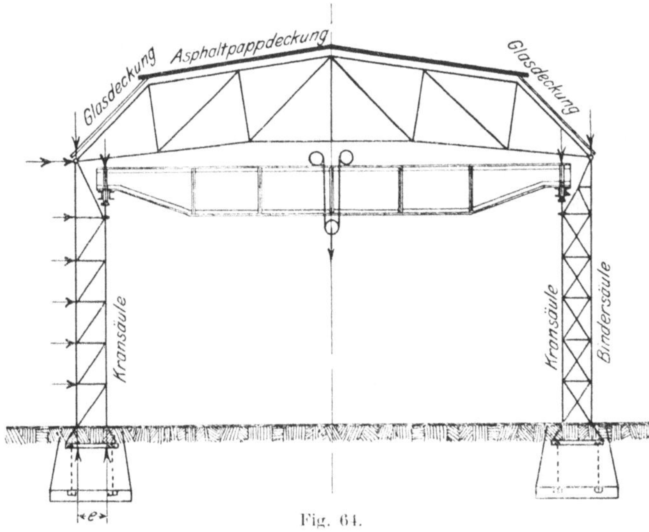

Fig. 64.

2. Kopf- und Fußausbildung. Kopf und Fuß der Säulen werden aus wagerechten (15—30 mm starken) und senkrechten (10—14 mm starken) Blechen gebildet, die unter sich und mit dem Säulenschaft durch Winkeleisen verbunden sind (Fig. 65 und 66). Die Breite der Fußplatte bestimmt sich aus der Forderung, daß sie über den Winkelkanten höchstens um das Doppelte ihrer Stärke vorstehen soll. Die Höhe der senkrechten Bleche ergibt sich durch die Bedingung, daß in den an sie unmittelbar angeschlossenen Säulenteilen mindestens soviel Niete angeordnet sein müssen, wie der in ihnen wirkenden Kraft entspricht.

Zwischen Fußplatte und Auflagermauerwerk wird zur Erzielung einer gleichmäßigen Druckübertragung eine Bleiplatte von 5—6 mm oder eine Zementschicht von 10 bis 20 mm Stärke angeordnet.

III. Verbindung von Trägern mit Säulen. Lagert ein Träger

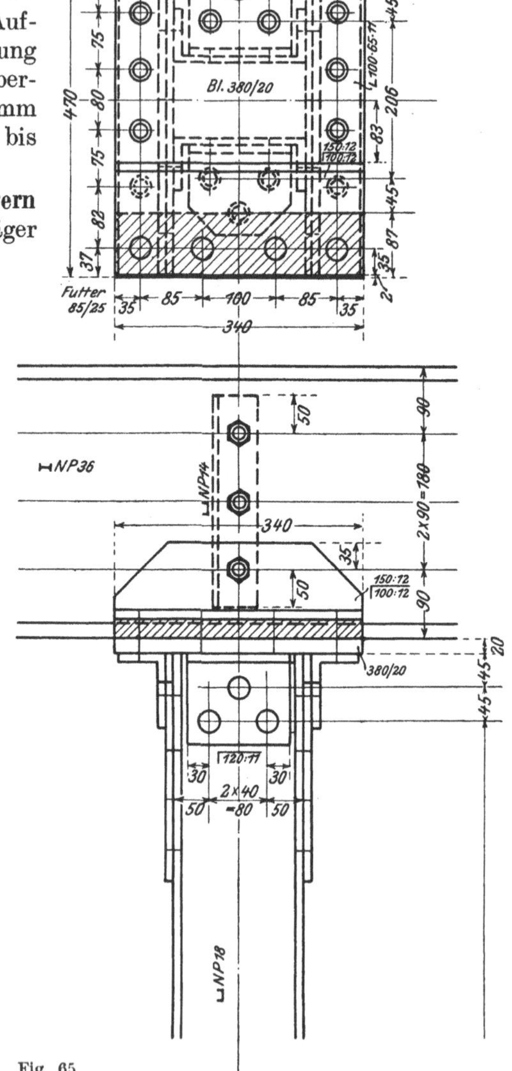

Fig. 65.

auf einer Säule auf, so ist dafür Sorge zu tragen, daß der Auflagerdruck des Trägers möglichst zentrisch, d. h. in der Schwerachse der

Säule übertragen wird, um in dieser Biegungsspannungen zu vermeiden. Das ist besonders bei gußeisernen Säulen zu beachten; weit aus-

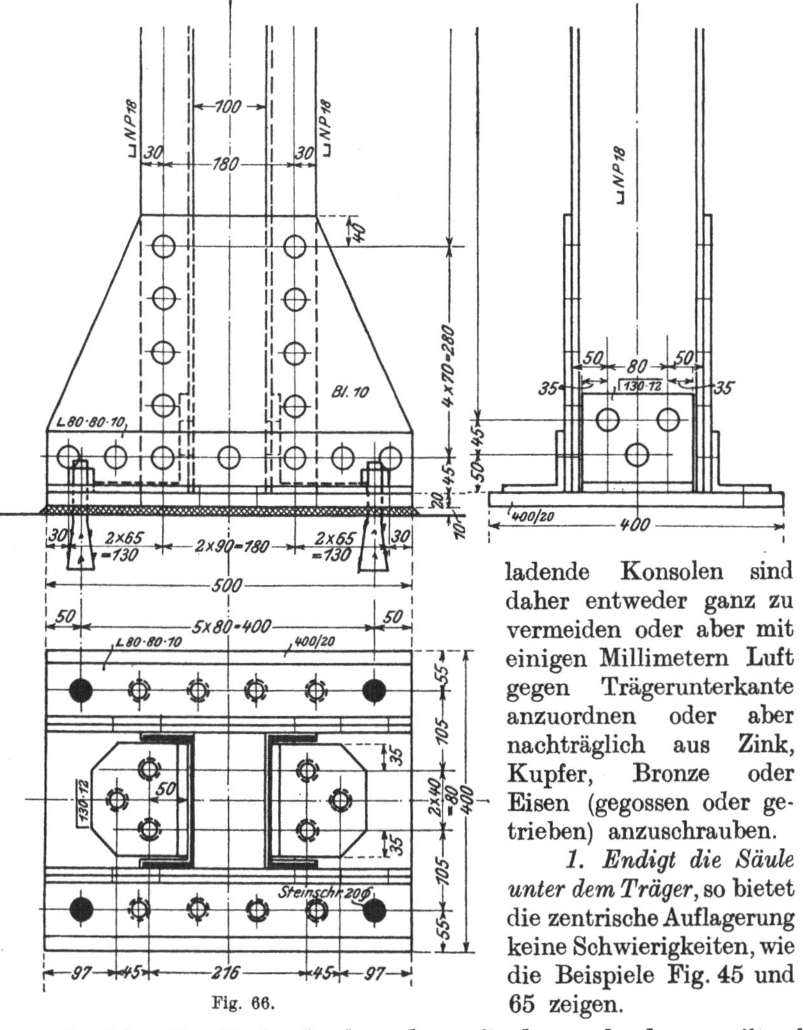

Fig. 66.

ladende Konsolen sind daher entweder ganz zu vermeiden oder aber mit einigen Millimetern Luft gegen Trägerunterkante anzuordnen oder aber nachträglich aus Zink, Kupfer, Bronze oder Eisen (gegossen oder getrieben) anzuschrauben.

1. Endigt die Säule unter dem Träger, so bietet die zentrische Auflagerung keine Schwierigkeiten, wie die Beispiele Fig. 45 und 65 zeigen.

2. Geht die Säule durch mehrere Geschosse durch, so gilt als Regel, stets die Säule als den Hauptkonstruktionsteil ununterbrochen durchzuführen, die Träger aber nach Bedarf zu stoßen. Die genau zentrische Druckübertragung ist dabei in den meisten Fällen nicht möglich; man muß sich dann damit begnügen, den Druck möglichst nahe der Säulenachse zu übertragen, im übrigen aber bei der Querschnittsberechnung der Säule die durch den exzentrischen Kraftangriff entstehenden Biegungsmomente zu berücksichtigen.

Je nachdem der Querschnitt der Säule und des Trägers ein-

oder zweiteilig ist, hat man die in Fig. 67 schematisch dargestellten Fälle zu unterscheiden.

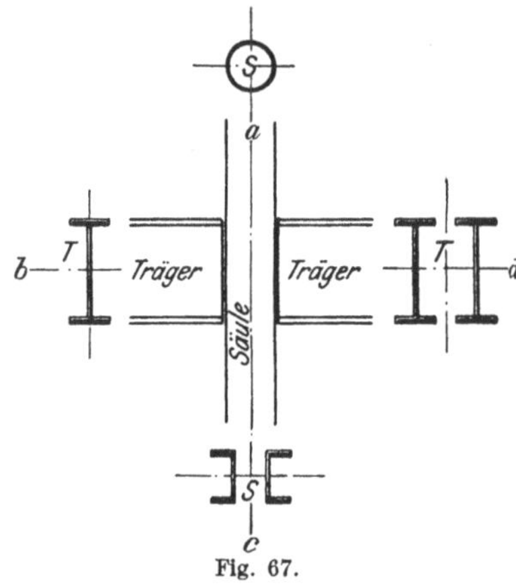

Fig. 67.

α) **Fall a—b: Säule und Träger einteilig.** Bei Gußsäulen erfordert die zentrische Auflagerung ein besonderes Zwischenstück, dessen Anfertigung Zeit und Geld kostet. In der Regel wird daher der Anschluß nach Fig. 68 ausgebildet: kurze, durch Rippen ausgesteifte Konsolen dienen zur unmittelbaren Auflagerung des Trägers; seine feste Verbindung mit dem Säulenschaft wird durch winkelförmig abgebogene Flacheisen bewirkt.

Bei Flußeisensäulen haben die durch einen exzentrischen Trägeran-

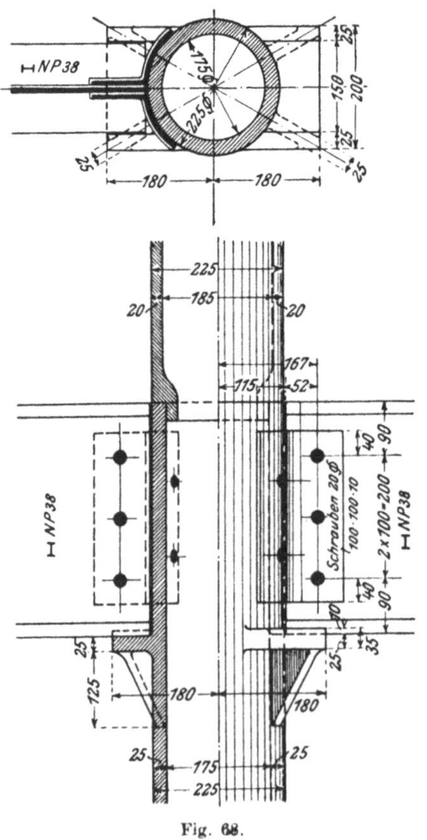

Fig. 68.

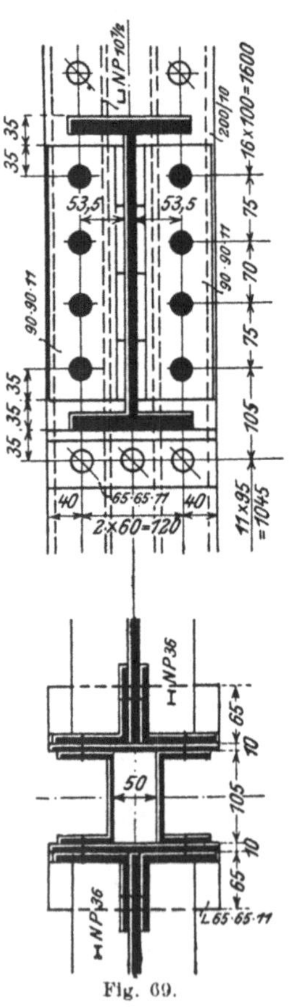

Fig. 69.

schluß erzeugten Biegungsspannungen keine so große Bedeutung wie bei dem weniger festen, spröderen Gußeisen. Der Anschluß erfolgt daher stets durch senkrechte Winkeleisenstücke nach Fig. 69; die unterhalb angenieteten wagerechten Winkeleisen (65 · 65 · 11) dienen zur Erleichterung der Montage.

β) Fall a—d: Säule ein-, Träger zweiteilig. Bei Gußsäulen wird der Schaft unter Einschaltung eines besonderen Zwischenstücks zwischen den Trägern durchgeführt (Fig. 70).

Bei Flußeisensäulen kann dieselbe Anordnung getroffen werden (Fig. 71) oder aber die Träger werden wieder entsprechend der

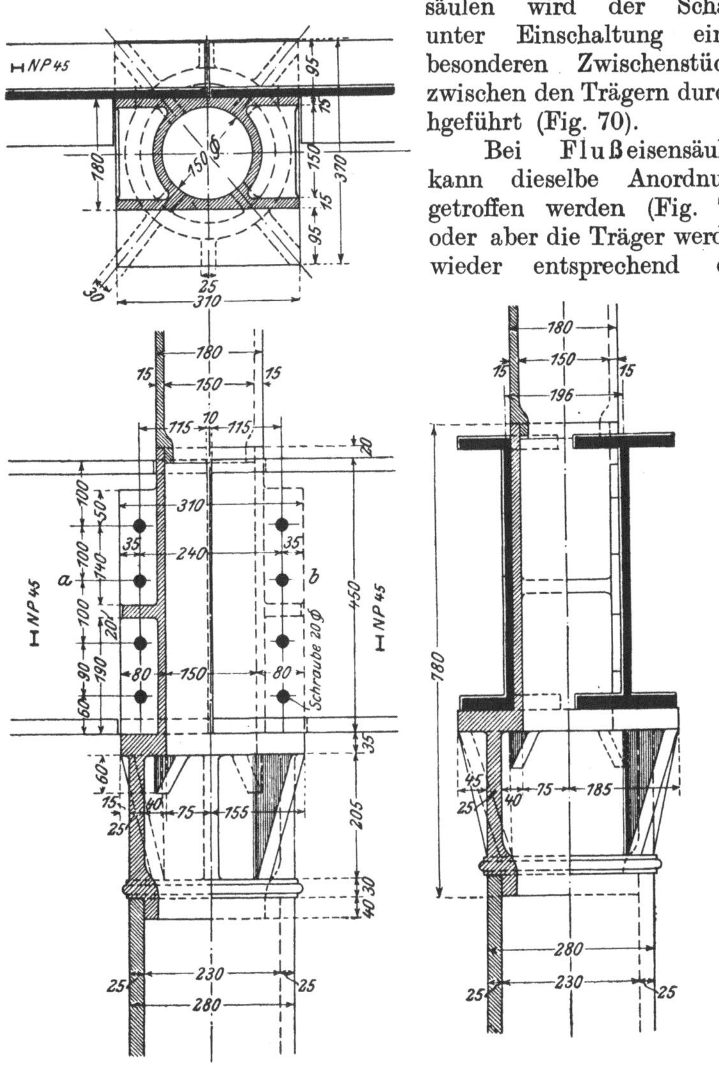

Fig. 70.

Fig. 69 mit Winkeleisen angeschlossen, wie in Fig. 72 im Horizontalschnitt für einen dreiteiligen Unterzug dargestellt.

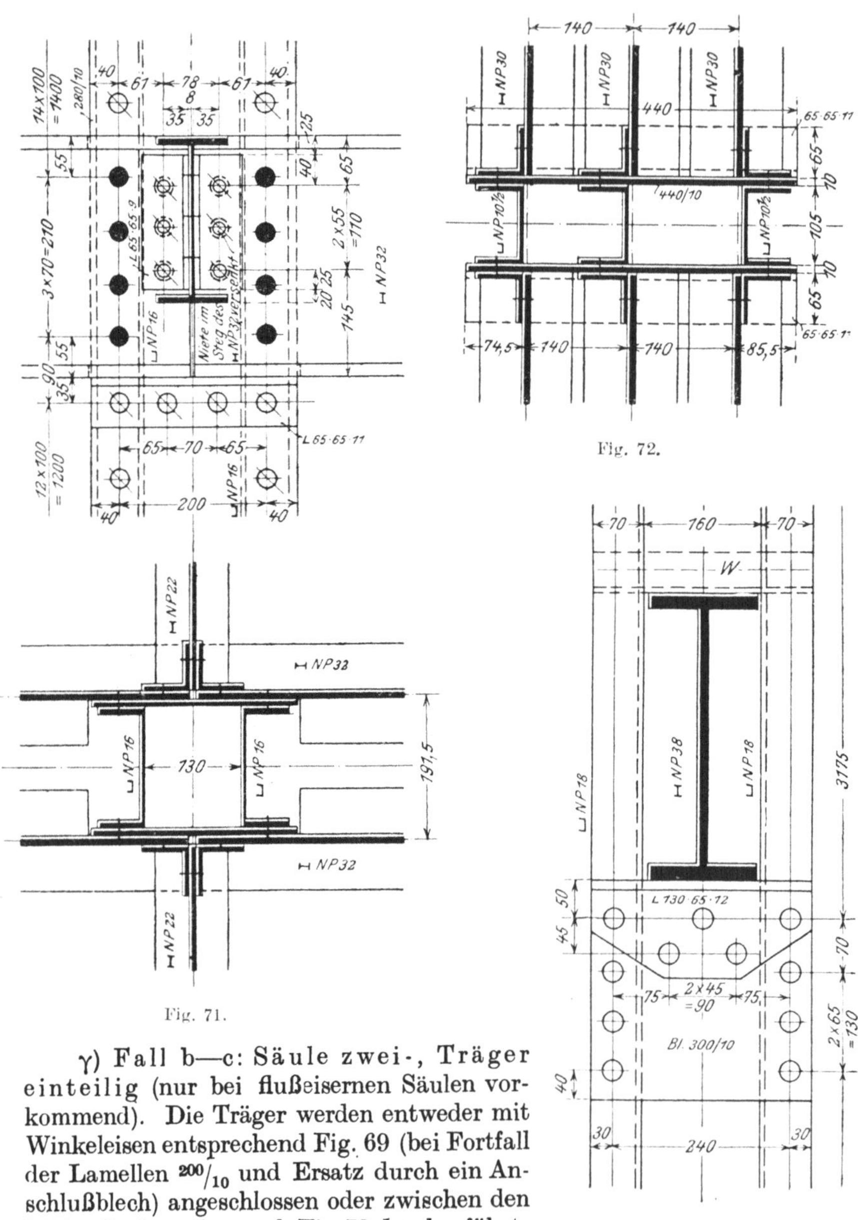

Fig. 72.

Fig. 71.

Fig. 73.

γ) **Fall b—c: Säule zwei-, Träger
einteilig** (nur bei flußeisernen Säulen vorkommend). Die Träger werden entweder mit
Winkeleisen entsprechend Fig. 69 (bei Fortfall
der Lamellen $200/_{10}$ und Ersatz durch ein Anschlußblech) angeschlossen oder zwischen den
beiden Säulenteilen nach Fig. 73 durchgeführt;
das hier über dem Träger gestrichelt ange-
deutete Winkeleisen hat seitliche Schwankungen des Trägers zu verhindern, falls dieser nicht durch die Konstruktion selbst gegen seitliches Ausbiegen gesichert ist.

δ) **Fall c—d: Säule und Träger zweiteilig (nur bei fluß-eisernen Säulen vorkommend).** Die Träger werden entweder entsprechend Fig. 71 seitlich der Säulenachse durchgeführt oder entsprechend Fig. 72 (bei Fortfall der Lamellen und Ersatz durch ein Anschlußblech) mit Winkeleisen angeschlossen.

V. Verwendung des Eisens zu Decken.

I. Decken mit eisernen Trägern und Holzfüllung. Bei hölzernen Decken werden die Unterzüge häufig aus Eisen gebildet, wegen der größeren Tragfähigkeit und der dadurch ermöglichten geringeren Konstruktionshöhe des Eisens sowie wegen seiner Unempfindlichkeit gegen Fäulnis und Schwamm. Um ein seitliches Ausbiegen der gedrückten Flansche des Unterzugs zu vermeiden, werden

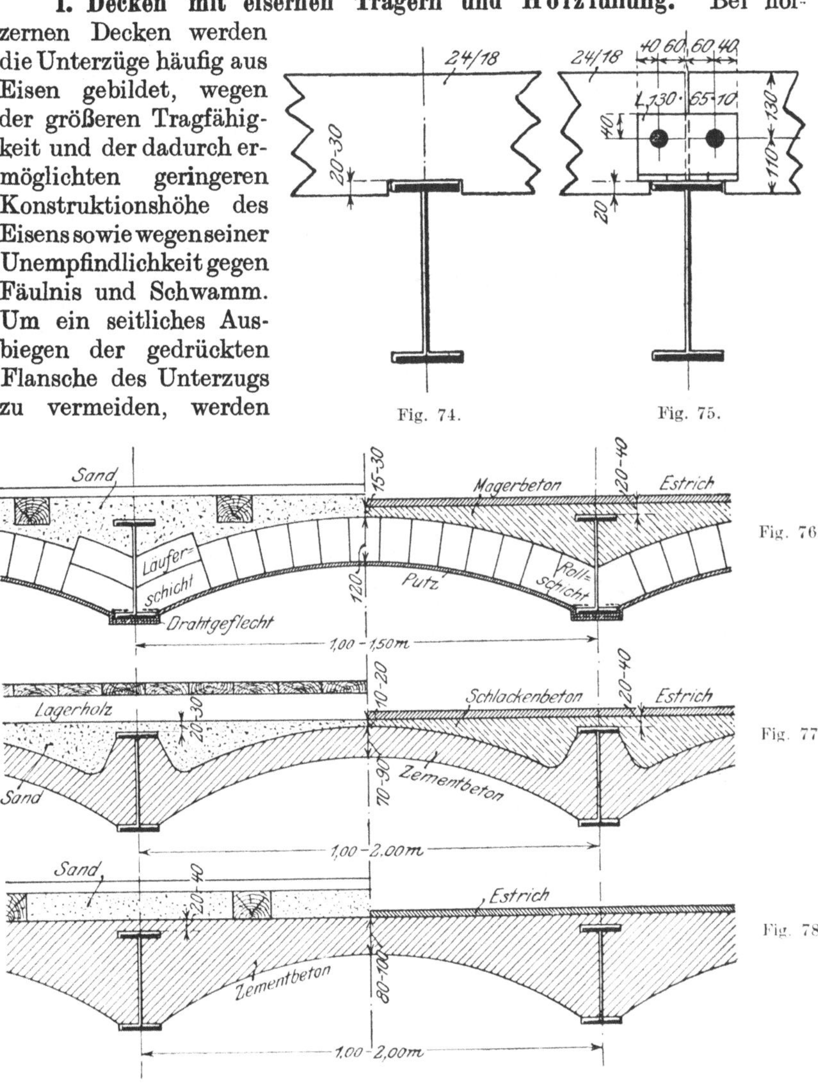

Fig. 74.   Fig. 75.

Fig. 76.

Fig. 77.

Fig. 78.

Fig. 76—78.

die Holzbalken entweder 2—3 cm tief eingekämmt (Fig. 74) oder durch Winkeleisen mit dem Unterzug verbunden; letzteres ist Regel beim Stoß der Holzbalken (Fig. 75).

Ist die Gefahr der Schweißwasserbildung am Eisen vorhanden, so wird in den Berührungsflächen zwischen Holz und Eisen ein Asphaltpappstreifen eingelegt.

II. Decken mit eisernen Trägern und Steinfüllung. Sie sind die für Fabrikbauten wichtigsten.

1. Gewölbte Füllung. Die Gewölbe werden entweder aus Ziegel- oder Hohlsteinen (Fig. 76) oder aber bei Fabrikbauten wegen der besseren Verarbeitung der durch die Maschinen erzeugten Stöße und Erschütterungen aus Beton (ohne oder mit Eiseneinlagen) hergestellt, sei es nach Fig. 77, sei es zwecks Vermeidung der zweierlei Arten Beton nach Fig. 78.

2. Ebene Füllung, bei Fabrikdecken aus den eben angeführten Gründen stets aus Beton.

Fig. 79 hat den Vorteil des allseitigen Schutzes der eisernen Träger gegen den Angriff der Flammen, aber den Nachteil eines großen Eigengewichts; sie gehört ihrer statischen Wirkung nach (wie gestrichelt angedeutet) zu den Gewölben.

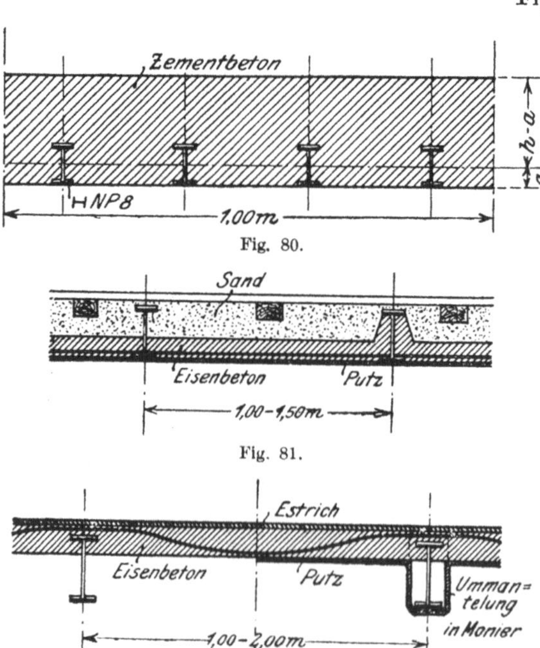

Fig. 80 eignet sich für große Lasten und starke Erschütterungen; die Betonplatte selbst wirkt als Träger; die in 0,25 bis 0,33 m Entfernung angeordneten ⊢ - Eisen nehmen die bei der Biegung entstehenden Zugspannungen auf.

In Fig. 81 und 82 besteht die Füllung aus einer Eisenbetonplatte, die auf den unteren bezw. oberen Flanschen der ⊢-Eisen aufruht.

In Fig. 82 bildet die Eisenbetonplatte einen über mehrere Felder durchlaufenden (kontinuierlichen) Träger, bei dem über den

Stützpunkten (d. s. hier die ⊢⊣-Eisen) negative Momente auftreten, die dort in den oberen Fasern Zugspannungen hervorrufen; daher auch die allmähliche Überführung der Eiseneinlagen von der Plattenunterkante (in Feldmitte) zur Oberkante (über den Trägern).

Eine wesentliche Verstärkung der Tragfähigkeit erzielt man durch Anordnung von Vouten, d. h. dadurch, daß man den Beton nach Fig. 83 voutenförmig bis auf die unteren

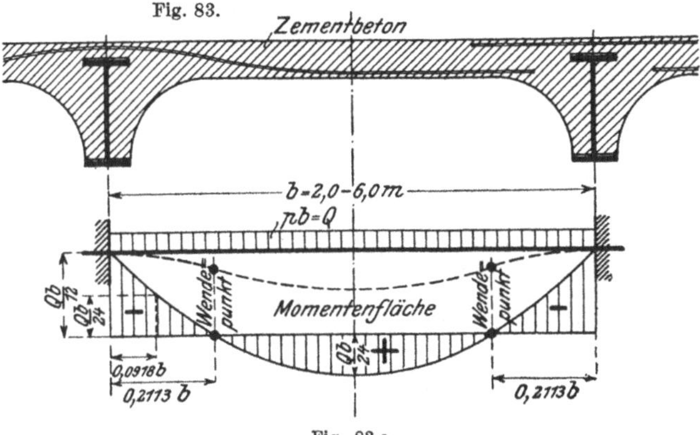

Trägerflansche hinuntergeführt; die Eiseneinlagen werden entweder (entsprechend Fig. 82) abgebogen (Fig. 83 links) oder aber bei größerer beweglicher Verkehrslast in doppelter Lage ausgeführt (Fig. 83 rechts).

Die Wirkung der Vouten besteht darin, daß sie die Träger und die Eisenbetonplatte an der freien Drehung hindern, d. h. diese Platte an den Stützpunkten einspannen. Die infolge dieser Einspannung erzeugte Momentenfläche ist in Fig. 83a dargestellt; in Feldmitte wird $M = + \dfrac{Q\,b}{24}$, über den Stützpunkten $M = - \dfrac{Q\,b}{12}$. Will man an beiden Stellen mit derselben Fläche f_e der Eiseneinlagen auskommen, so muß die Plattenstärke an den Trägern mindestens doppelt so groß sein wie in Feldmitte.

Da eine vollkommene Einspannung, wie sie Fig. 83a voraussetzt, praktisch niemals erreichbar ist, so empfielt es sich, die sonst als zulässig geltenden Beanspruchungen hier um 10—15% zu erniedrigen.

III. Decken mit eisernen Trägern und Eisenfüllung. Die Eisenfüllung kann gebildet werden durch:

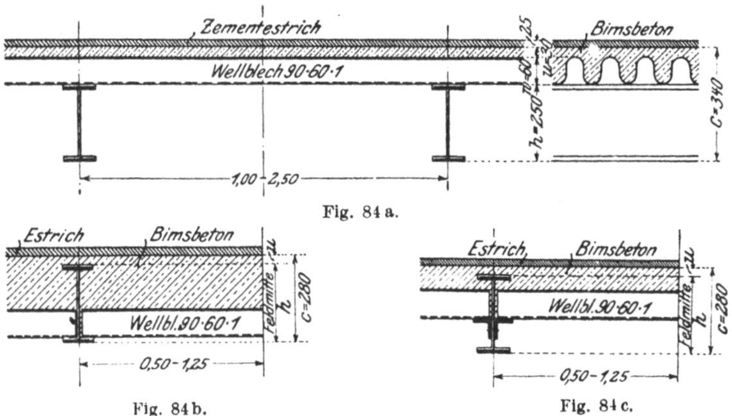

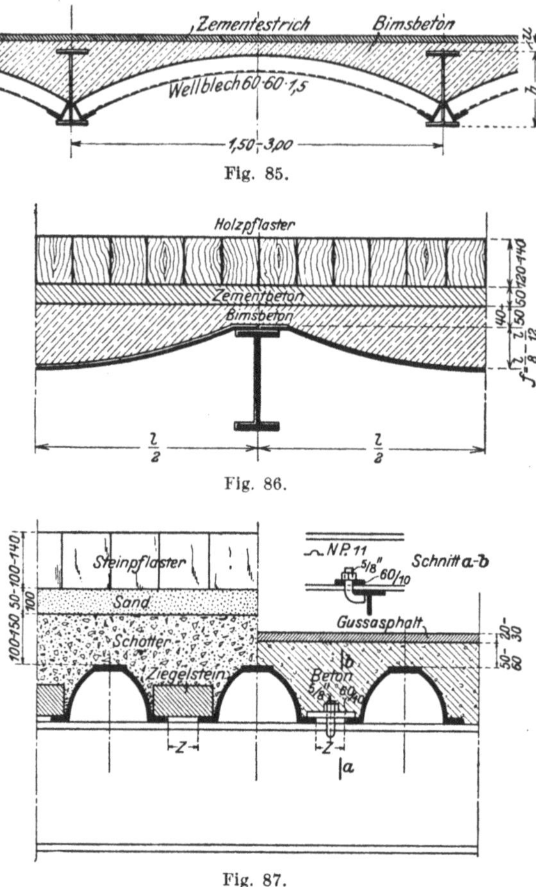

Fig. 85.

Fig. 86.

Fig. 87.

1. **Riffelblech:** 6—8—10 mm stark, nur bei enger Teilung b der Deckenbalken und geringer Nutzlast (Abdeckung von Laufstegen an Kranen, Brücken, Maschinenanlagen, Treppenstufen) verwendbar.

2. **Wellblech** entweder **eben** (Fig. 84a bis c) oder **gebogen** (bombiert, Fig. 85); die Auffüllung erfolgt bei Fabrikdecken in Beton; nur noch selten verwendet.

3. **Tonnen- und Buckelbleche** (Fig. 86), nur bei schweren Lasten (z. B. unter Hofdurchfahrten).

4. **Belageisen**, ebenfalls nur bei schweren Lasten; sie werden zur Ersparnis an Eisen mit Zwischenräumen (z in Fig. 87) verlegt, die entweder durch Ziegelsteine (bei Sandauffüllung, Fig. 87 links) oder durch den Füllbeton selbst (Fig. 87 rechts) überdeckt werden.

VI. Berechnung von Fachwerkträgern.

Unter einem Fachwerk versteht man ein derart aus lauter Dreiecken zusammengesetztes Gebilde, daß jedes folgende Dreieck mit dem vorhergehenden zwei Ecken, also eine Seite gemeinsam hat. Die Ecken heißen die **Knotenpunkte**, die Dreieckseiten aber die **Stäbe** des Fachwerks, und zwar die den Umfang bildenden die **Gurtstäbe** oder **Gurtungen** (Obergurt — Untergurt), die übrigen die **Zwischen- oder Füllungsstäbe** (Diagonalen, Schrägstäbe oder Streben — Senkrechte, Vertikale, Pfosten oder Ständer).

Lagert man ein solches Fachwerk in zwei oder mehreren Knotenpunkten **auf,** so erhält man einen **Fachwerkträger,** dessen wichtigste Formen sind:

Fig. 88. Parallelträger
L = na
Fig. 89. Trapezträger
L = 6 × 3,75 = 22,5 m
Fig. 90. Trapezträger
Fig. 89ᵃ Kräfteplan zu Fig. 89.
M. d. Kr.: 1 cm = 2 t
Fig. 91.
L = 4 - 6 m
Fig. 92.
L = 8 - 10 m
Fig. 93. (II) Einfacher Polonceau-Binder
L = 4 × 3,0 = 12,0 m
Fig. 93ᵃ Kräfteplan zu Fig. 93.
M. d. K. 1 cm = 3 t
Fig. 98. Mansardendachbinder
45°
Fig. 100. Pultdachbinder
L
Fig. 97. Doppelter Polonceau-Binder
L = 8 × 2,5 = 20,0 m
Fig. 94. Satteldachbinder
L = na
Fig. 99. Sheddachbinder
20° - 30°   90°   70° - 60°
Fig. 97ᵃ Kräfteplan zu Fig. 97.
M. d. Kr.: 1 cm = 2,5 t
Fig. 96ᵃ Kräfteplan zu Fig. 96.
Wind links
M. d. Kr.: 1 cm = 1 t
Fig. 96ᵇ Kräfteplan zu Fig. 96.
Wind rechts
M. d. Kr.: 1 cm = 1 t
Fig. 96. Satteldachbinder
L = 6 × 3,0 = 18,0 m
Fig. 101. Kragdach
3 × 2,50 = 7,5 m
Fig. 101ᵃ Kräfteplan zu Fig. 101.
M. d. Kr.: 1 cm = 3 t
H = 6,0 t
Fig. 95ᵃ Kräfteplan zu Fig. 95.
Wind links
M. d. Kr.: 1 cm = 2 t
Fig. 95. Satteldachbinder
3/4 L
L = na
Fig. 104 Halbparabelträger
L = 12 × 1,5 = 18,0 m
Fig. 102. Parabelträger
L
Fig. 103. Tonnendach
4 × 3,0 = 12,0 m
Fig. 104ᵃ Kräfteplan zu Fig. 104.
M. d. Kr.: 1 cm = 1 t
Fig. 103ᵃ Kräfteplan zu Fig. 103.
M. d. Kr.: 1 cm = 2 t
Fig. 105. Sichelträger

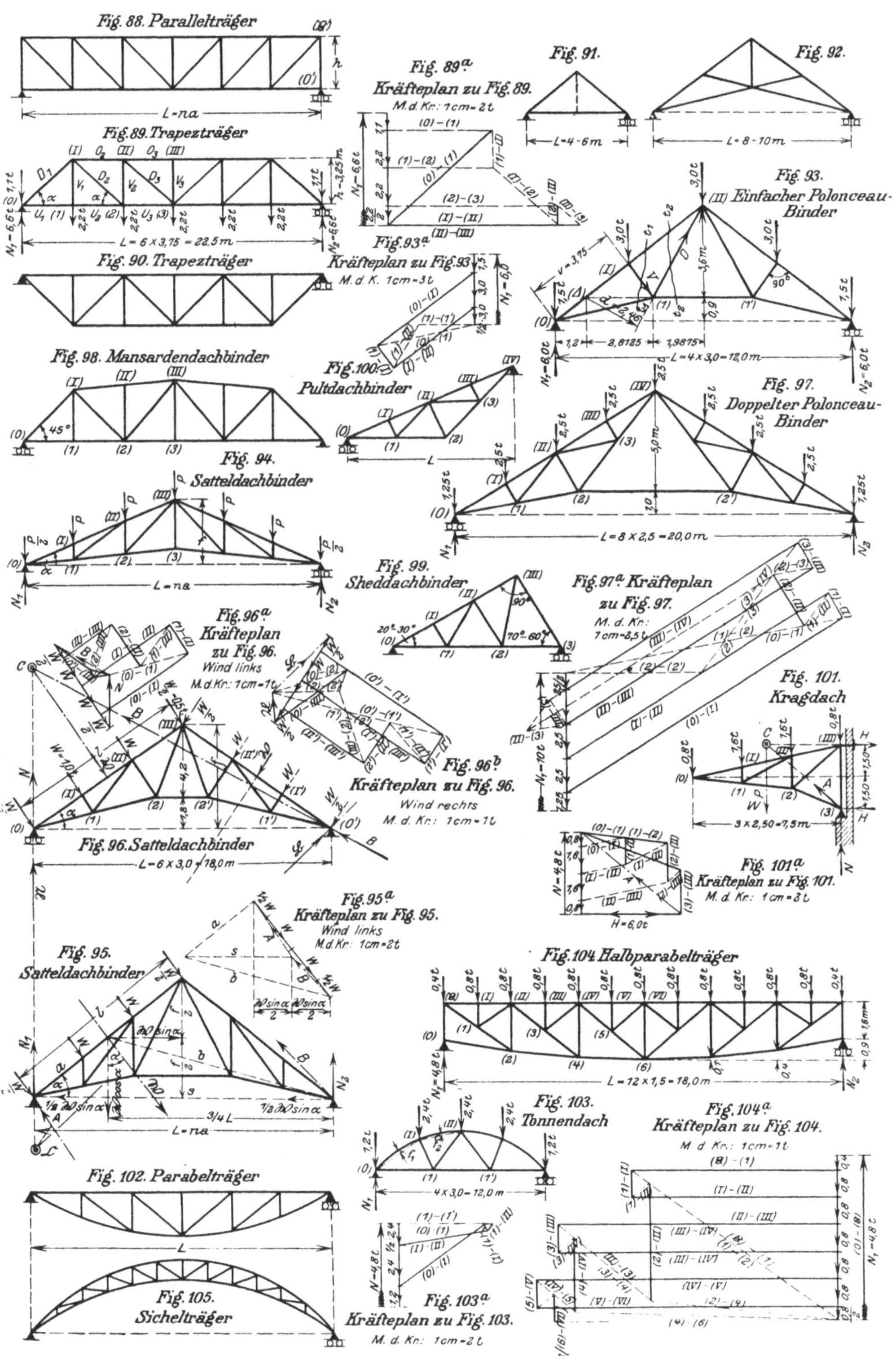

Fig. 88—105.

a) **Parallel- und Trapezträger** (Fig. 88—90): mit parallelen, meist wagerecht liegenden Gurtungen.

b) **Dreieck- oder Binderträger** (Fig. 91—101): in ihrem äußeren Umriß den verschiedenen Dachformen (Sattel-, Pult-, Shed-, Mansarden-, Kniestockdach) entsprechend.

[c) **Parabelträger** (Fig. 102—105): die Knotenpunkte einer oder auch beider Gurtungen liegen auf einer Kurve (Kreis, Parabel, Ellipse).

Bei der Berechnung eines Fachwerkträgers wird vorausgesetzt, daß: a) die äußeren Lasten (einschl. der Stützdrücke) nur in den Knotenpunkten angreifen; b) die einzelnen Stäbe an den Knotenpunkten mit reibungslosen Gelenken (entsprechend der Fig. 9) angeschlossen sind.

Führt man durch einen Fachwerkträger, dessen Belastung wir vorläufig lotrecht annehmen, nach Bestimmung der Stützdrücke einen beliebigen Schnitt t t, der drei

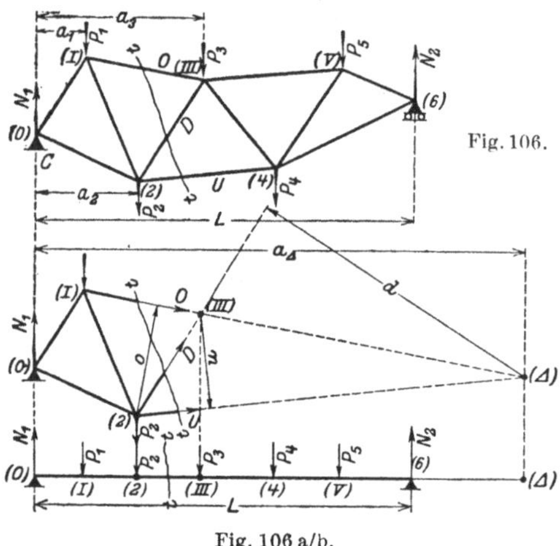

Fig. 106.

Fig. 106 a/b.

Stäbe durchschneidet (Fig. 106), und denkt sich den einen Teil, z. B. den rechten, entfernt, so muß man an dem übrig gebliebenen linken Teil zur Herstellung des Gleichgewichts an den drei Schnittstellen diejenigen Wirkungen hinzufügen, die der entfernte rechte Teil früher auf den linken ausübte (Fig. 106a). Diese Wirkungen bestehen in drei mit den durchschnittenen Stabachsen zusammenfallenden Kräften, den drei Stabkräften (Spannkräften) O, D, U, deren Pfeilrichtung vorläufig als vom Schnitt weggehend (entsprechend Zugkräften) angenommen wird. Diese drei Kräfte müssen mit den Stabachsen zusammenfallen, weil sie sonst die durchschnittenen Stäbe um ihre als reibungslose Gelenke vorausgesetzten Endpunkte drehen, also das Gleichgewicht stören würden; dieselbe Störung tritt ein, wenn man an den Schnittstellen Momente anbringen würde. Es ergibt sich daraus:

Bei einem nur in den Knotenpunkten belasteten Fachwerkträger treten in den einzelnen Stäben entweder nur Zug- oder nur Druckkräfte, niemals aber Biegungsmomente auf. Hierin liegt das wesentliche Kennzeichen eines Fachwerkträgers gegenüber einem vollwandigen Träger.

Zur Berechnung der drei Stabkräfte O, D, U stehen die drei Gleichgewichtsbedingungen $\Sigma V = 0$, $\Sigma H = 0$, $\Sigma M = 0$ zur Verfügung.

I. Rechnerische Bestimmung der Stabkräfte: Rittersches Momentenverfahren. Zur Bestimmung einer der drei Stabkräfte wählt man den Schnittpunkt der beiden anderen als Drehpunkt und wendet die Bedingung $\Sigma M = 0$ an. Ergibt sich für die betreffende Stabkraft ein positives Vorzeichen, so ist sie (wie in Fig. 106a vorausgesetzt) wirklich eine Zugkraft; ergibt sich aber ein negatives Vorzeichen, so ist die in Fig. 106a angenommene Pfeilrichtung falsch; sie muß auf den Schnitt t t zu gehen, d. h. die Stabkraft ist eine **Druckkraft.**

Für die Stäbe O und U sind die Knotenpunkte (2) und (III), für Stab D der Schnittpunkt (Δ) von O und U (Fig. 106a) die zugehörigen Drehpunkte; sind o, u, d die zugehörigen Hebelarme, so folgt aus der Bedingung $\Sigma M = 0$:

für (2) als **Drehpunkt:** $+ N_1 a_2 - P_1 (a_2 - a_1) + O o = 0$,

daher $O = -\dfrac{1}{o}[N_1 a_2 - P_1 (a_2 - a_1)]$;

für (III) als Drehpunkt: $+ N_1 a_3 - P_1 (a_3 - a_1) - P_2 (a_3 - a_2) - U u = o$,

daher $U = + \dfrac{1}{u} [N_1 a_3 - P_1 (a_3 - a_1) - P_2 (a_3 - a_2)]$;

für (△) als Drehpunkt: $+ N_1 a_\triangle - P_1 (a_\triangle - a_1) - P_2 (a_\triangle - a_2) + D d = 0$,

daher $D = - \dfrac{1}{d} [N_1 a_\triangle - P_1 (a_\triangle - a_1) - P_2 (a_\triangle - a_2)]$.

Die Ausdrücke in den eckigen Klammern können als die Biegungsmomente in den Punkten (2), (III) und (△) eines mit den Kräften des Fachwerkträgers belasteten geraden Balkens von derselben Spannweite L (Fig. 106b) (hervorgerufen durch die am abgeschnittenen Balkenteil angreifenden Kräfte N_1, P_1 und P_2) angesehen werden; sie heißen die zugehörigen Knotenpunktsmomente M_0, M_u, M_d; man hat daher kurz geschrieben:

$$18) \qquad a)\ O = - \frac{M_0}{0}. \qquad b)\ U = + \frac{M_u}{u}. \qquad c)\ D = - \frac{M_d}{d}.$$

11. Aufgabe. Es sollen die Stabkräfte des in Fig. 89 dargestellten, in den unteren Knotenpunkten mit je 2,2 t belasteten Trapezträgers berechnet werden.

Auflösung. Die Stützdrücke berechnen sich zu $N_1 = N_2 = 6{,}6$ t. Da Form und Belastung des Trägers zur Mitte symmetrisch sind, werden auch die Stabkräfte zur Mitte symmetrisch.

Schnitt $t_1 t_1$ (Fig. 107a). Für (I) als Drehpunkt ergibt $\Sigma M = 0$:
$+ (6{,}6 - 1{,}1)\, 3{,}75 - U_1 \cdot 3{,}25 = 0$; daher $\qquad\qquad U_1 = +\ 6{,}4$ t.

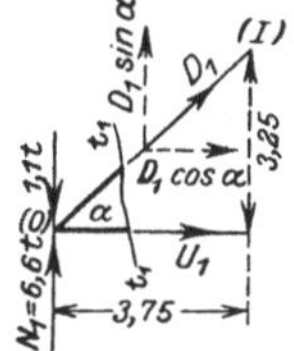

Fig. 107 a.

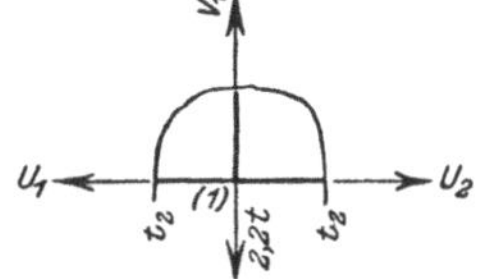

Fig. 107 b.

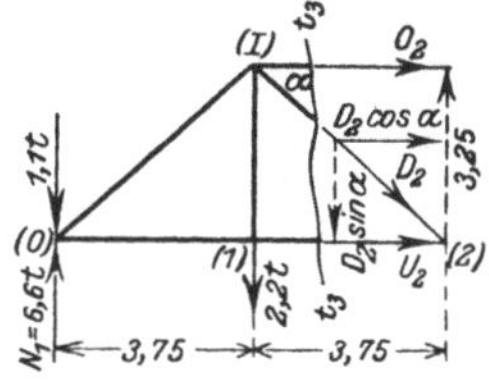

Fig. 107 c.

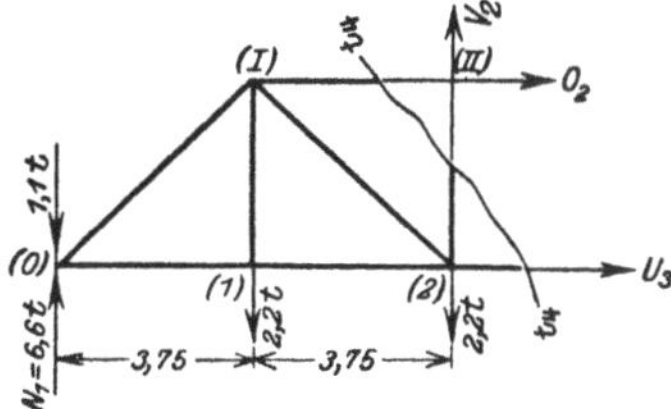

Fig. 107 d.

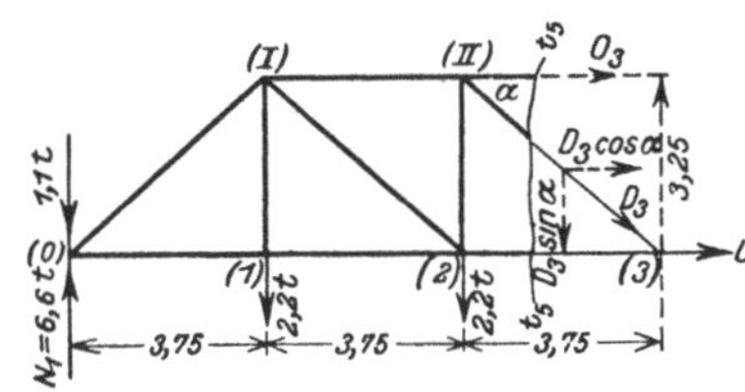

Fig. 107 e.

Zerlegt man D_1 in $D_1 \sin \alpha$ und $D_1 \cos \alpha$, so ergibt sich aus $\Sigma V = 0$:

$+ 6{,}6 - 1{,}1 + D_1 \sin \alpha = 0$; daher $D_1 = - \dfrac{1}{\sin \alpha} (6{,}6 - 1{,}1)$ oder mit $\dfrac{1}{\sin \alpha}$

$= \dfrac{4{,}962}{3{,}25} = 1{,}53$: $\qquad\qquad\qquad\qquad D_1 = -\ 8{,}4$ t.

Schnitt $t_2 t_2$ (Fig. 107b). Aus $\Sigma V = 0$ folgt $+ 2{,}2 - V_1 = 0$; daher $V_1 = +\ 2{,}2$ t.

Aus $\Sigma H = 0$ folgt $+ U_2 - U_1 = 0$; daher $U_2 = U_1$ oder $U_2 = +\ 6{,}4$ t.

Schnitt $t_3 t_3$ (Fig. 107c). Für (2) als Drehpunkt ergibt $\Sigma M = 0$:
$+ (6{,}6 - 1{,}1)\, 7{,}5 - 2{,}2 \cdot 3{,}75 + O_2 \cdot 3{,}25 = 0$; daher $O_2 = -\ 10{,}2$ t.

Zerlegt man D_2 in $D_2 \sin \alpha$ und $D_2 \cos \alpha$, so ergibt sich aus $\Sigma V = 0$:

$+ 6{,}6 - 1{,}1 - 2{,}2 - D_2 \sin \alpha = 0$; daher $D_2 = + \dfrac{3{,}3}{\sin \alpha}$ oder $D_2 = +\ 5{,}0$ t.

Schnitt $t_4\,t_4$ (Fig. 107d). Für (II) als Drehpunkt ergibt $\Sigma M = 0$:
$+ (6{,}6 - 1{,}1)\,7{,}5 - 2{,}2 \cdot 3{,}75 - U_3 \cdot 3{,}25 = 0$; daher $\qquad U_3 = + 10{,}2$ t.

Aus $\Sigma V = 0$ folgt:
$+ 6{,}6 - 1{,}1 - 2 \cdot 2{,}2 + V_2 = 0$; daher $\qquad V_2 = - 1{,}1$ t.

Schnitt $t_5\,t_5$ (Fig. 107e). Für (3) als Drehpunkt ergibt $\Sigma M = 0$:
$+ (6{,}6 - 1{,}1)\,11{,}25 - 2{,}2\,(3{,}75 + 7{,}5) + O_3 \cdot 3{,}25 = 0$; daher $O_3 = - 11{,}5$ t.

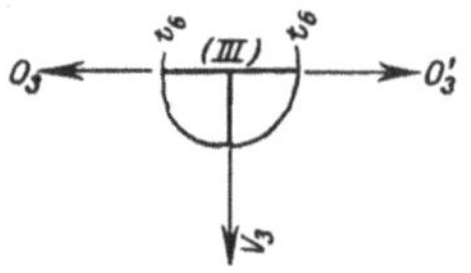

Zerlegt man D_3 in $D_3 \sin \alpha$ und $D_3 \cos \alpha$, so ergibt sich aus $\Sigma V = 0$:
$+ 6{,}6 - 1{,}1 - 2 \cdot 2{,}2 - D_3 \sin \alpha = 0$; daher $D_3 = +$

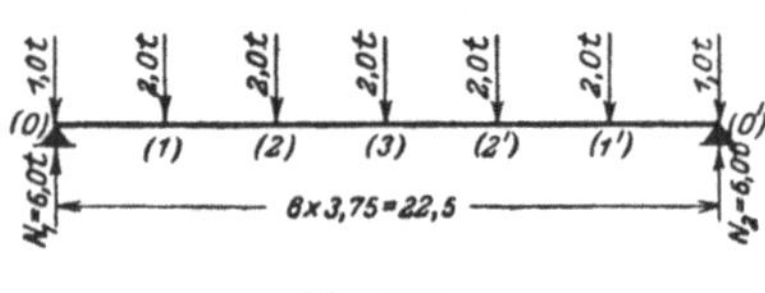

Fig. 107 f.

$$\frac{1{,}1}{\sin \alpha} \text{ oder } D_3 = + 1{,}7 \text{ t.}$$

Schnitt $t_6\,t_6$ (Fig. 107f). Aus $\Sigma V = 0$ folgt:
$+ V_3 = 0$; daher
$$V_3 = 0.$$

Aus $\Sigma H = 0$ folgt $O_3' = O_3$, wie es der Symmetrie wegen sein muß.

Größt- und Kleinstwerte der Stabkräfte. 1. Die Gurtstäbe. Die zugehörigen Drehpunkte fallen stets in die Knotenpunkte des Fachwerkträgers selbst. Da aber für jeden dieser Knotenpunkte bei einem Träger auf 2 Stützen das Biegungsmoment stets positiv, bei einem einseitig eingespannten Träger das Biegungsmoment stets negativ ist, so folgt aus den Gl. 18 a) und b) die Regel:

Bei einem Träger auf 2 Stützen ist der Obergurt stets gedrückt, der Untergurt stets gezogen; bei einem einseitig eingespannten Träger ist der Obergurt stets gezogen, der Untergurt stets gedrückt.

Bei beiden Trägerarten werden aber die Biegungsmomente um so größer je größer die Belastung ist; daher folgt die weitere Regel:

Die Stabkräfte in den Gurtungen nehmen bei Vollbelastun des Fachwerkträgers ihre größten Werte an.

Um für irgendeinen Gurtstab das größte zugehörige Knotenpunktsmoment M zu finden, berechnet man zunächst das größte Moment M_{max} in Trägermitte und aus diesem mit Hilfe der Kurve der größten Momente (Fig. 12) oder der Zahlentafel I (S. 9) die Momente M_x für die einzelnen Knotenpunkte.

12. Aufgabe. Die Verkehrslast für den in Fig. 89 dargestellten Trapezträger beträgt für jeden unteren Knotenpunkt je 2 t; es sind die Stabkräfte in den Gurtungen zu berechnen.

Auflösung. Für Trägermitte (Knotenpunkt 3) ergibt sich Fig. 108:
$M_{max} = (6{,}0 - 1{,}0)\,11{,}25 -$
$\qquad 2{,}0\,(3{,}75 + 7{,}5) = 33{,}75$ mt;
daher für

Fig. 108.

Knotenpunkt (I): $\dfrac{x}{L} = \dfrac{1}{6} = 0{,}167$: $M_{(I)} = (0{,}595 + 0{,}007 \cdot 2{,}80)\,33{,}75 =$

$$20{,}74 \text{ mt; } U_1 = U_2 = + \frac{20{,}74}{3{,}25} = + 6{,}4 \text{ t.}$$

Knotenpunkt (2) und (II): $\dfrac{x}{L} = \dfrac{1}{3} = 0{,}333$; $M_{(II)} = (0{,}926 + 0{,}013 \cdot 1{,}10)\,33{,}7$

$$= 31{,}74 \text{ mt; } U_3 = + \frac{31{,}74}{3{,}25} = + 9{,}8 \text{ t.}$$

$$O_2 = - \frac{31{,}74}{3{,}25} = - 9{,}8 \text{ t.}$$

Knotenpunkt (3): $\dfrac{x}{L} = \dfrac{1}{2} = 0{,}500$; $M_{(3)} = M_{max} = 33{,}75$ mt;

$$O_3 = - \frac{33{,}75}{3{,}25} = - 10{,}4 \text{ t.}$$

2. Die Füllungsstäbe. a) Fällt der zugehörige Drehpunkt ($\triangle$) auf eine Stabachse oder in einen Knotenpunkt, so tritt wie bei den Gurtstäben die größte Stabkraft bei Vollbelastung auf.

13. Aufgabe. Es sind die Stabkräfte D und V des in Fig. 93 dargestellten Polonceaubinders zu berechnen. Knotenlast 3 t.

Auflösung. Aus den Schnitten $t_1 t_1$ und $t_2 t_2$ erkennt man, daß der zugehörige Drehpunkt für V im Auflagerpunkt (0), für D in ($\triangle$) auf der Stabachse (0) — (I) liegt; daher treten in beiden Stäben die größten Spannkräfte bei Vollbelastung auf.

Aus $\varSigma M = 0$ folgt

für (0) als Drehpunkt: $+ 3,0 \cdot 3,0 + V \cdot 3,75 = 0$; daher $V = -2,4$ t;

für ($\triangle$) als Drehpunkt: $+ (6,0 - 1,5)\, 1,2 + 3,0 \cdot 1,8 - D \cdot 2,46 = 0$; daher $D = + 4,4$ t.

b) Liegt der zugehörige Drehpunkt ($\triangle$) wie in Fig. 106a außerhalb des Fachwerkträgers, so kann das zugehörige Knotenpunktsmoment

$$M_d = + N_1 a_\triangle - [P_1 (a_\triangle - a_1) + P_2 (a_\triangle - a_2)]$$

sowohl positiv als auch negativ, daher D nach Gl. 18c) sowohl eine Druck- als auch eine Zugkraft sein, je nachdem das positive Glied $+ N_1 a_\triangle$ oder das negative Glied $[P_1 (a_\triangle - a_1) + P_2 (a_\triangle - a_2)]$ überwiegt.

Soll M_d seinen größten positiven Wert $M_{d\,max}$ erhalten, so muß das zweite Glied möglichst klein, daher $P_1 = 0$ und $P_2 = 0$ sein, d. h. der Träger darf nur rechts vom Schnitt $t\,t$ belastet werden.

Da $N_1 + N_2 = \varSigma P$, also $N_1 = -N_2 + \varSigma P$ ist, so kann man auch

$$M_d = - N_2 a_\triangle + a_\triangle \varSigma P - [P_1 (a_\triangle - a_1) + P_2 (a_\triangle - a_2)]$$

schreiben. Soll daher M_d seinen größten negativen Wert $M_{d\,min}$ erhalten, so muß das Glied $a_\triangle \varSigma P$ möglichst klein, daher $P_3 = P_4 = P_5 = 0$ sein, d. h. der Träger darf nur links vom Schnitt $t\,t$ belastet werden. Daraus folgt die Regel:

Die Stabkraft in einem Füllungsstab erreicht ihren Größt- und Kleinstwert bei einseitiger Belastung des Fachwerkträgers bis zu dem den Füllungsstab treffenden Schnitt.

14. Aufgabe. Entsprechend Aufgabe 12 sollen die größten und kleinsten Spannkräfte in den Füllungsstäben des Trapezträgers Fig. 89 berechnet werden.

Auflösung. Die für die einzelnen Füllungsstäbe maßgebenden

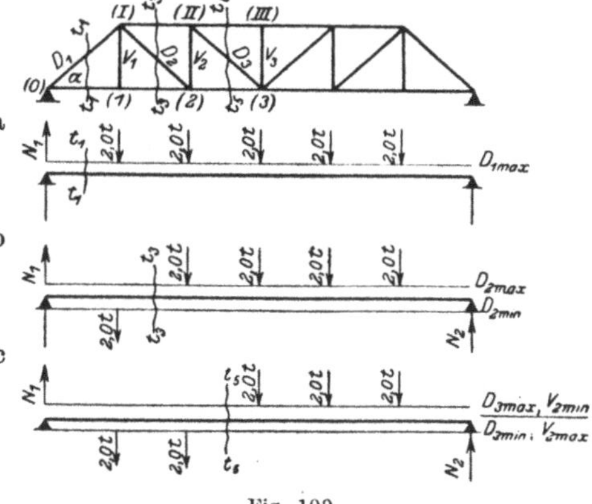

Fig. 109.

Belastungen sind in Fig. 109a bis 109c dargestellt; es ergibt sich nach:

Fig. 109a: $N_1 = 5 \cdot 2,0 \cdot \dfrac{3 \cdot 3,75}{6 \cdot 3,75} = 5,0$ t; $D_{1\,min} \cdot \sin \alpha + 5,0 = 0$ (vgl. Fig. 107a); daher $D_{1\,min} = - 7,7$ t.

$D_{1\,max} = 0$, weil links vom Schritt $t_1 t_1$ keine freien Knotenpunkte vorhanden sind.

Fig. 109b: $N_1 = 4 \cdot 2,0 \dfrac{2,5 \cdot 3,75}{6 \cdot 3,75} = 3,3$ t; $D_{2\,max} \cdot \sin \alpha - 3,3 = 0$ (vgl. Fig. 107c);

daher $D_{2\,max} = + 5,0$ t.

$$N_2 = 2{,}0 \cdot \frac{3{,}75}{6 \cdot 3{,}75} = 0{,}3 \text{ t}; \quad D_{2\min} \cdot \sin \alpha + 0{,}3 = 0;$$

$$\text{daher } D_{2\min} = -0{,}5 \text{ t}.$$

$$\text{Fig. 109 c: } N_1 = 3 \cdot 2{,}0 \cdot \frac{2 \cdot 3{,}75}{6 \cdot 3{,}75} = 2{,}0 \text{ t}; \quad D_{3\max} \cdot \sin \alpha - 2{,}0 = 0 \text{ (vgl. Fig. 107 c)};$$

$$\text{daher } D_{3\max} = +3{,}1 \text{ t}.$$

$$V_{2\min} + 2{,}0 = 0 \text{ (vgl. Fig. 107 d)}; \quad \text{daher } V_{2\min} = -2{,}0 \text{ t}.$$

$$N_2 = 2 \cdot 2{,}0 \cdot \frac{1{,}5 \cdot 3{,}75}{6 \cdot 3{,}75} = 1{,}0 \text{ t}; \quad D_{3\min} \cdot \sin \alpha + 1{,}0 = 0;$$

$$\text{daher } D_{3\min} = -1{,}5 \text{ t}.$$

$$V_{2\max} + 1{,}0 = 0; \quad \text{daher } V_{2\max} = -1{,}0 \text{ t}.$$

Der Stab V_1 wird entsprechend Fig. 107b: $V_1 = +2{,}0$ t.
Stab $V_3 = 0$ entsprechend Fig. 107 f.

II. Zeichnerische Bestimmung der Stabkräfte: Cremonasche Kräftepläne.
Setzt man in Fig. 106a die am abgeschnittenen Trägerteil angreifenden Kräfte N_1 P_1 und P_2 zu ihrer Resultierenden R zusammen (Fig. 110), so muß R mit O, D, U im Gleichgewicht sein, also mit O, D, U ein geschlossenes Vieleck (Kräftepolygon)

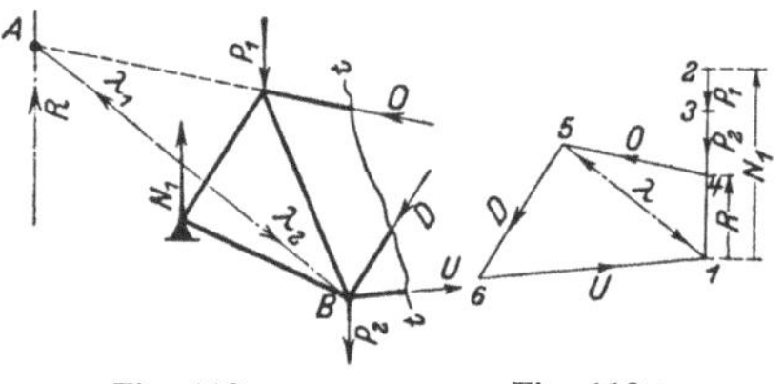

bilden, in dem sich alle Pfeile nachlaufen. Ersetzt man R und O durch ihre Resultierende λ_1 (durch den Schnittpunkt A von R und O gehend) sowie U und D durch ihre Resultierende λ_2 (durch den Schnittpunkt B von U und D gehend), so müssen die beiden Kräfte λ_1 und λ_2 im Gleichgewicht, d. h. gleich groß ($\lambda_1 = \lambda_2 = \lambda$), umgekehrt gerichtet sein und in dieselbe gerade Linie fallen. Da

Fig. 110.   Fig. 110 a.

aber λ_1 durch A, λ_2 durch B gehen muß, so fallen beide in die Verbindungslinie A B. Zerlegt man daher (Fig. 110a) R nach O und $\overline{\text{A B}}$, und darauf das dadurch gefundene λ nach U und D, so sind die gesuchten Spannkräfte O, D, U der Größe nach bestimmt. Ihre Pfeilrichtungen müssen dem gegebenen Pfeil von R nachlaufen. Überträgt man diese Pfeilrichtungen an den Schnitt t t, so deutet ein vom Schnitt weglaufender Pfeil (bei U) eine Zugkraft, ein auf ihn zulaufender (bei D und O) eine Druckkraft an.

Eine wesentliche Vereinfachung wird erzielt, wenn von den 3 Stabkräften O, D, U bereits eine, z. B. O bekannt, ist. Man trägt dann R und O hintereinander so auf, daß sich ihre Pfeile nachlaufen (Linienzug 1—4—5 in Fig. 110a), und zieht durch die Endpunkte (1 und 5) Parallele zu D und U, die sich im Punkte 6 schneiden; die Strecken 5—6 und 6—1 stellen dann die Größe von D und U dar; ihre Pfeile laufen den Pfeilen von R und O nach. Man führt daher die Schnitte t t stets so, daß nur zwei unbekannte Stäbe getroffen werden, um dadurch die jedesmalige Bestimmung der Hilfslinie λ zu umgehen.

Sämtliche Stabkräfte vereinigt man in einem Kräfteplan, der jeden Stab nur einmal enthalten soll. Zu dem Zweck legt man die einzelnen Schnitte t t am besten um die einzelnen Knotenpunkte herum, beginnt an jedem Knotenpunkt mit den bekannten, bereits im Kräfteplan enthaltenen Lasten und Spannkräften und bestimmt endlich durch zwei Parallele zu den beiden unbekannten Stabkräften deren Größe. In dem zu jedem Knotenpunkte gehörigen Kräftevieleck müssen sich die Pfeile sämtlicher Lasten und Spannkräfte nachlaufen. Im fertigen Kräfteplan werden die Zugkräfte gestrichelt, die Druckkräfte aber ausgezogen.

Beispiele für solche Kräftepläne geben die Fig. 89a, 93a, 97a, 101a, 103a, 104a, zu den gehörigen Fachwerkträgern Fig. 89, 93, 97, 101, 103, 104.

III. Anwendung auf Dachbinder. Stützweite $L = n$ a (Fig. 94); a = Fachweite; n = Anzahl der gleichen Fache; b = Binderentfernung; f = Binderhöhe.

1. *Senkrechte Belastung:* ständige Last (Dachdeckung, Sparren, Pfetten, Binder, Windverband) und Schneelast (75 cos a für 1 qm Grundriß), insgesamt p kg/qm Grundriß. Damit ergeben sich die senkrechten Knotenlasten (Fig. 94) zu P = p a b für die freien und 0,5 P = 0,5 p a b für die Auflagerknotenpunkte; daraus die Stützpunkte $N_1 = N_2 = 0,5\,n\,P = 0,5\,p\,b\,L$.

2. *Windbelastung:* Winddruck w = 125 bis 150 kg/qm rechtwinklig getroffener Fläche. Auf die unter dem $\measuredangle$ a geneigte Drehfläche (Fig. 95 und 96) entfällt der gesamte Winddruck $\mathfrak{W} = $ w b l $\sin^2 a = $ w b f sin a, rechtwinklig zur Dachfläche gerichtet; daher die Knotenlasten W = 2 $\mathfrak{W}$: n für die freien und 0,5 W = W : n für Trauf- und Firstknotenpunkt.

a) Ein Binderauflager fest, das andere beweglich (Fig. 96). Am beweglichen Auflager steht der Stützdruck rechtwinklig zur Gleitfläche, so daß sein Schnittpunkt mit der Resultierenden $\mathfrak{W}$ bestimmt ist; der Stützdruck am festen Auflager geht dann ebenfalls durch diesen Schnittpunkt, ist also der Richtung nach bestimmt. Man hat den Wind einmal von der Seite des beweglichen Auflagers (Stützdrücke N und B, Schnittpunkt C in Fig. 96) und dann von der des festen Auflagers (Stützdrücke $\mathfrak{N}$ und $\mathfrak{B}$, Schnittpunkt $\mathfrak{C}$ in Fig. 96) wirkend anzunehmen und für beide Fälle einen Kräfteplan zu zeichnen (Fig. 96a und b).

b) Beide Binderauflager fest (Fig. 95) Zerlegt man $\mathfrak{W}$ in $\mathfrak{W}$ cos a lotrecht und $\mathfrak{W}$ sin a wagerecht, so entstehen die lotrechten Stützdrücke

$$N_1 = \frac{3}{4}\,\mathfrak{W}\cos a - \frac{f}{2\,L}\,\mathfrak{W}\sin a$$

$$N_2 = \frac{1}{4}\,\mathfrak{W}\cos a + \frac{f}{2\,L}\,\mathfrak{W}\sin a,$$

die auch durch ein Seilpolygon (a—b—s in Fig. 95 und 95a) bestimmt werden können. Die wagerechte Seitenkraft $\mathfrak{W}$ sin a kann mit hinreichender Genauigkeit zu gleichen Teilen auf die beiden Auflagerpunkte verteilt werden.

Bei flachen Dächern (a $\leq$ 25⁰) genügt es, den Winddruck durch einen Zuschlag zur senkrechten Belastung zu berücksichtigen, die wagerechte Seitenkraft also zu vernachlässigen.

VII. Dachkonstruktionen.

Die einzelnen Teile einer eisernen Dachkonstruktion sind: die in 0,75—1,25 m Entfernung angeordneten Sparren (die meist ganz fehlen); sie werden von den in a = 2,5—4,0 m Fachweite angeordneten Pfetten, diese von den b = 4,0—6,0 m voneinander entfernten Bindern getragen; je zwei Binder sind durch den in der schrägen Dachfläche liegenden Windverband zu einem Ganzen miteinander verbunden.

A. Die Binder.

1. Querschnittsausbildung. Die
Binder werden als Fachwerkträger durchgebildet. Treten bei einem solchen nur in den Knotenpunkten äußere Lasten auf, so entstehen in den einzelnen Stäben entweder nur Zug- oder nur Druckkräfte. Greifen dagegen auch Lasten zwischen

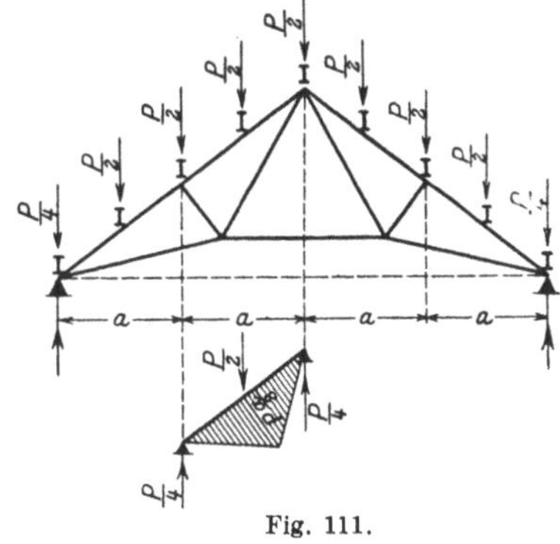

Fig. 111.

den Knotenpunkten an (Zwischenpfetten, Fig. 111), so treten in den unmittelbar belasteten Stäben auch Biegungsmomente auf, die sich im Falle der Fig. 111 zu

$$M = + \frac{P\,a}{8} \cdot \frac{4}{5} = + \frac{P\,a}{10}$$

berechnen, wobei der Beiwert $^4/_5$ dem ununterbrochenen Durchlaufen der Stäbe über mehrere Felder Rechnung trägt. Zur Bestimmung der Spannkräfte hat man die Zwischenlasten 0,5 P zu gleichen Teilen auf die beiden benachbarten Knotenpunkte zu verteilen, d. h. das Belastungsbild der Fig. 93 zugrunde zu legen.

Werden die Stäbe gekrümmt ausgeführt (z. B. der Obergurt des Tonnendachs, Fig. 103), so wird bei der Bestimmung der Stabkräfte eine gerade Stabachse vorausgesetzt (vgl. Kräfteplan Fig. 103a). Bei der Querschnittsbestimmung hat man aber das infolge der Krümmung entstehende Moment

$$M = - S\,f \cdot \frac{4}{5} = - \frac{4}{5}\,S\,f$$

zu berücksichtigen (S = größte Stabskraft, f = Pfeilhöhe des Bogens, Fig. 103).

Bei gleichzeitiger Belastung zwischen den Knotenpunkten und Ausführung einer gekrümmten Stabachse (Fig. 112, in der P die Gesamtlast für die Fachweite a ist), ergibt sich das Gesamtmoment zu

$$M_{max} = \frac{4}{5} \left(\frac{P\,a}{8} - S\,f \right).$$

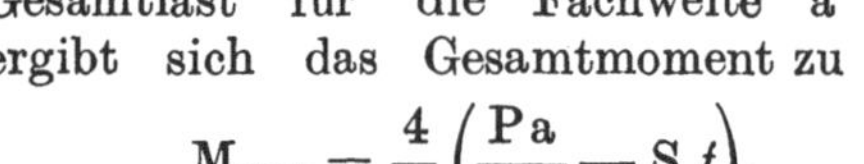

Fig. 112.

Man hat danach drei Fälle zu unterscheiden, je nachdem der Stab auf Zug oder auf Druck oder auf Druck (Zug) und Biegung beansprucht ist.

a) Zugstäbe: erforderliche Fläche F = S : k, wobei S die größte auftretende Stabzugkraft, k die zulässige Beanspruchung {k = 1200 kg/qcm für ständige Last + Schnee, k = 1400 kg/qcm für ständige Last + Schnee + Wind (150 kg/qm)}.

Bei der Berechnung der wirklich vorhandenen Querschnittsfläche sind die in ein und denselben Querschnitt fallenden Nietlöcher in Abzug zu bringen.

Der runde und quadratische Querschnitt wird wegen der Schwierigkeit des Anschlusses, der rechteckige (Flacheisen) wegen seiner geringen seitlichen Steifigkeit nicht verwendet.

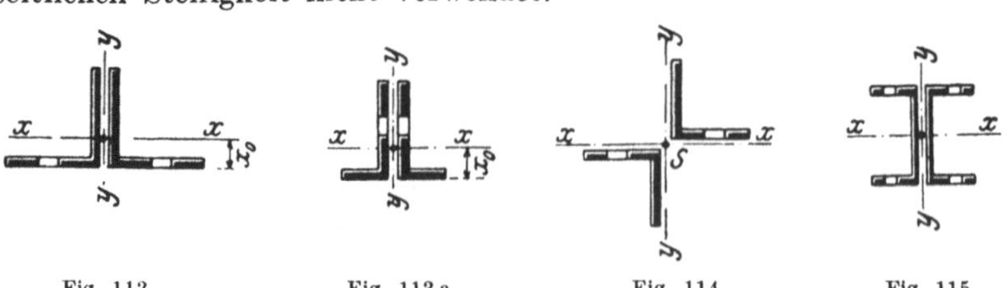

Fig. 113.   Fig. 113 a.   Fig. 114.   Fig. 115.

Die gebräuchlichsten Querschnitte sind: 2 gleichschenklige oder ungleichschenklige Winkeleisen nach Fig. 113, 113a oder 114 oder 2 ⊔-Eisen nach Fig. 115; eine Verstärkung kann durch zwischengelegte Flacheisen (Fig. 116) oder untergelegte Lamellen (Fig. 117) erreicht werden.

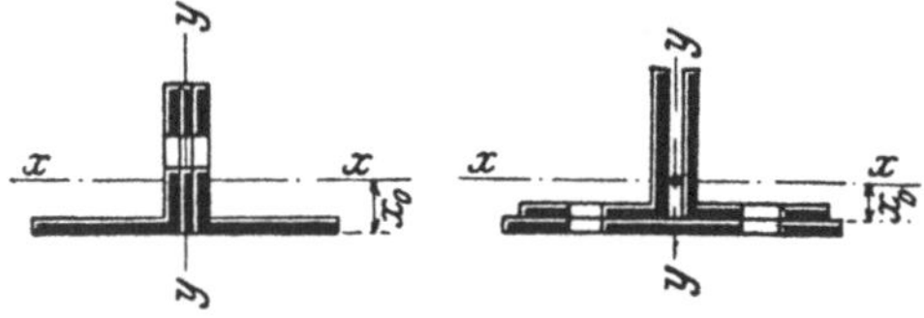

Fig. 116.   Fig. 117.

b) Druckstäbe: Erforderliche Fläche $F = S : k$ (S und k wie bei a), erforderliches kleinstes Trägheitsmoment $J_{min} = 0,5 \, \mathfrak{S} \, S_1 \, s_1{}^2$ ($\mathfrak{S} = 4$fach), wobei S_1 die größte Stabkraft in Tonnen, s_1 die Stablänge in Meter ist.

Als freie Knicklänge s_1 ist die ganze Stablänge (Systemlänge) einzuführen, falls die Endknotenpunkte nicht nur in, sondern auch senkrecht zur Trägerebene (durch Pfetten und Windverband) unverschieblich gelagert sind; im Gegenfalle (wie z. B. bei den Knotenpunkten (1) und (2) des Untergurtes in Fig. 101) muß die Sicherung gegen Ausweichen aus der lotrechten Trägerebene durch Abstützung gegen die Knotenpunkte des Windverbands ((I) und (II) in Fig. 101) erreicht werden, wenn man nicht mit der ganzen Spannweite als Knicklänge rechnen will (wobei z. B. in Fig. 101 für S der Mittelwert aus den Spannkräften der drei Untergurtstäbe einzuführen wäre).

Im übrigen sind für die Ausbildung des Querschnitts die für die Säulen angegebenen Grundsätze maßgebend. Der Nietabzug braucht bei der Berechnung der wirklich vorhandenen Fläche nicht berücksichtigt zu werden.

Die gebräuchlichsten Querschnitte sind: 2 gleichschenklige (Fig. 118) oder ungleichschenklige Winkeleisen (Fig. 119, bei denen annähernd

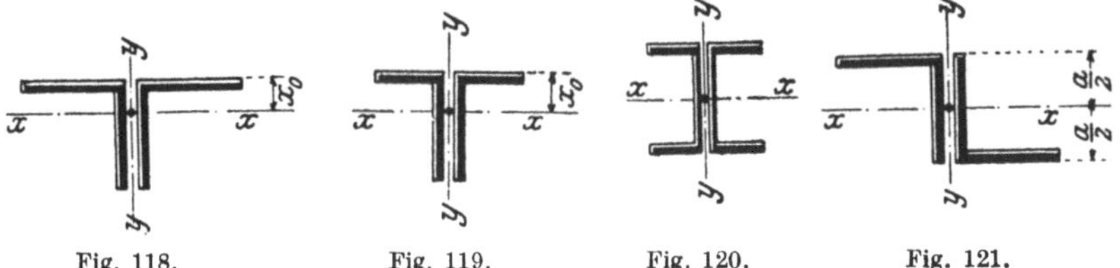

Fig. 118.   Fig. 119.   Fig. 120.   Fig. 121.

$J_y = J_x$ erreicht werden kann) oder 2 ⊔-Eisen (Fig. 120). Zur Vergrößerung des Trägheitsmoments werden die Winkeleisen (besonders bei den Füllungsstäben) oft mit abgewendeten Schenkeln (Fig. 121) oder über Kreuz (Fig. 48) angeordnet.

c) Druck (Zug) und Biegung: Die Schwerachse des Querschnitts muß nach derjenigen Seite hin verschoben liegen (Fig. 122), an der sich die Spannungen aus der Druck-

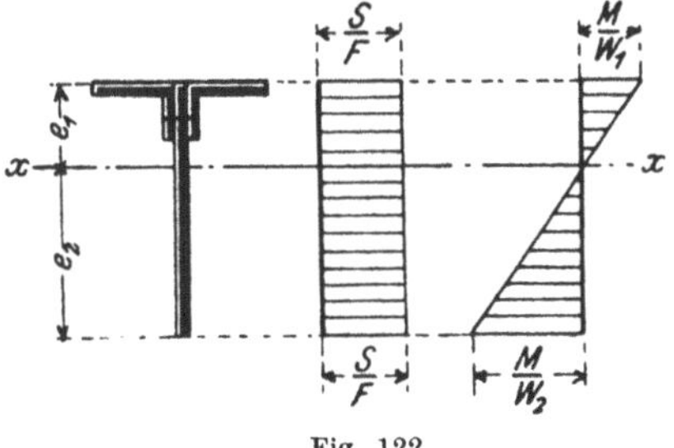

Fig. 122.

(Zug-) Kraft S und dem Biegungsmoment M mit gleichem Vorzeichen addieren, damit die tatsächlich in den äußersten Fasern auftretenden Spannungen

$$\sigma_{max} = \frac{S}{F} + \frac{M}{W_1}$$
$$\sigma_{min} = \frac{S}{F} - \frac{M}{W_2}$$

(W$_1$ und W$_2$ = Widerstandsmomente für die oberste und unterste Faser)

tunlichst gleich groß werden. Diese Anforderung erfüllt der ⊥-förmige Querschnitt (Fig. 123), der aber bei Dachbindern (ebenso bei Kranen mit geringer Nutzlast) zur Vermeidung der teueren Nietarbeit meist durch den ⊏- bzw. ⊐⊏-förmigen Querschnitt ersetzt wird.

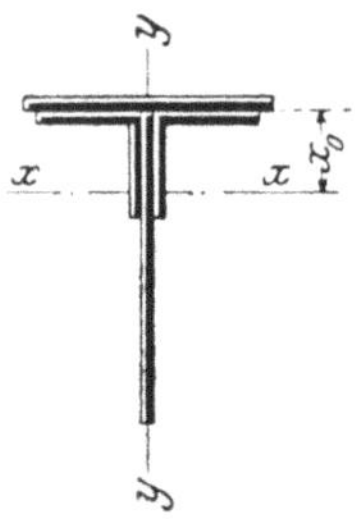

Fig. 123.

Die Querschnittsbestimmung erfolgt am übersichtlichsten in einer Zahlentafel, in der sämtliche Stäbe (getrennt nach Ober-, Untergut, Diagonalen, Vertikalen, mit den in ihnen wirkenden größten Spannkräften und Momenten, der erforderlichen Fläche und dem erforderlichen Trägheitsmoment, der gewählte Querschnitt mit der wirklich vorhandenen Fläche, dem wirklich vorhandenen kleinsten Trägheits- und Widerstandsmoment, die für den Anschluß des Stabes erforderliche (nach Abt. II zu berechnende) Scherfläche sowie Nietanzahl (auf Abscheren und Lochlaibung), endlich der Stützdruck mit der Berechnung der Auflager aufgeführt werden.

Stab	Spannkräfte n t hervorgerufen durch			insgesamt		Momente in cmkg infolge			Erforderlich an		Gewählter Querschnitt	Vorhanden an			Der doppelschnittigen Niete erforderliche		Anzahl auf		Bemerkungen
	Ständige Last	Schnee	Winddruck	+	−	Zwischenbelastung	Stabkrümmung	Insgesamt	Fläche	Trägheitsmoment		Fläche	Trägheitsmoment	Widerstandsmoment	Durchmesser	Scherfläche	Abscheren	Lochlaibung	
									qcm	cm⁴		qcm	cm⁴	cm³	mm	qcm			

Die der statischen Berechnung beizufügende Zahlentafel unterscheidet sich von der vorhergehenden dadurch, daß nicht das Erforderliche und wirklich Vorhandene gegenübergestellt wird, sondern daß nur das wirklich Vorhandene und die daraus berechnete Beanspruchung bzw. Knicksicherheit aufgenommen wird.

Stab	Spannkräfte in t hervorgerufen durch			insgesamt		Momente in cmkg infolge			Gewählter Querschnitt	Vorhanden an			Tatsächliche		Der doppelschnitt. Niete vorhandene		Beanspruchung auf		Bemerkungen
	Ständige Last	Schnee	Winddruck	+	−	Zwischenbelastung	Stabkrümmung	Insgesamt		Fläche	Trägheitsmoment	Widerstandsmoment	Beanspruchung	Knicksicherheit	Durchmesser	Anzahl	Scherfläche	Abscheren	Lochlaibung	
										qcm	cm⁴	cm³	kg/qcm		mm		qcm	kg/qcm	kg/qcm	

2. Ausbildung der Knotenpunkte.

a) Sämtliche an einem Knotenpunkt zusammentreffenden Stäbe müssen sich in ein und demselben Punkt, nämlich dem Knotenpunkt selbst schneiden.

b) In dem ausgeführten Querschnitt muß die Schwerachse mit der Richtungslinie der Stabkraft zusammenfallen.

Nur bei gering beanspruchten Winkeleisen läßt man wohl die Wurzellinie mit der Kraftrichtung zusammenfallen, wenn zur Übertragung der Stabkraft schon der in der Trägerebene liegende Winkelschenkel genügt (Fig. 127).

c) In den Knotenpunkten läßt man die Gurtstäbe als die am meisten beanspruchten Stäbe in ein und derselben Profilstärke ununterbrochen durchlaufen. Ein Stoß der Gurtstäbe (und damit unter Umständen ein Wechsel des Profils) wird nur in den Knotenpunkten angeordnet, in denen eine starke Richtungsänderung eintritt (z. B. in den Firstpunkten, Fig. 128 und 134, in den Knickpunkten des Untergurts, Fig. 131).

Die Füllungsstäbe werden an jedem Knotenpunkt unterbrochen (Schnitt winkelrecht zur Stabachse!) und mit besonderen Knotenblechen an die Gurtstäbe angeschlossen. Die zum Anschluß erforderliche Nietanzahl muß für jeden Querschnittsteil eines Füllungsstabes besonders berechnet werden; die senkrecht zum Knotenblech liegenden Querschnittsteile werden mit besonderen Hilfswinkeln (nach Fig. 8) angeschlossen. Nur wenn der in der Trägerebene liegende Querschnittsteil für sich allein schon zur Aufnahme der Stabkraft ausreicht, genügt es auch, nur diesen Teil an das Knotenblech anzuschließen. Die geringste Anzahl der Anschlußniete ist zwei, auch wenn die Rechnung weniger ergibt. Die Gurtstäbe sind an das Knotenblech mit soviel Nieten anzuschließen, wie der größten Differenz der an dem betr. Knotenpunkt anschließenden Gurtkräfte entspricht; die so errechnete Nietanzahl muß aber vergrößert werden, wenn sich die Nietentfernung dabei größer als 6 d bei Druck- bzw. 8 d bei Zugstäben ergibt. Ist ein Gurtstab an einem Knotenpunkt gestoßen, so muß natürlich die volle zur Stoßdeckung erforderliche Nietanzahl untergebracht werden; das Knotenblech selbst darf hierbei als Stoßlasche mit in Rechnung gestellt werden (Fig. 124, 127, 128, 131).

d) Der Windverband wird gekreuzt angeordnet und in jedem Feld entweder aus einem Winkeleisen (65 · 65 · 7 bis 100 · 100 · 12, noch besser 75 · 50 · 7 bis 120 · 80 · 12) und einem Flacheisen ($^{65}/_{10}$ bis $^{100}/_{16}$) oder aber bei größeren Binderentfernungen besser nur aus Winkeleisen ausgebildet. Bei kleinen Bindern schließt man wohl den Windverband unmittelbar an den Obergurt an (Fig. 128b), bei größeren ordnet man besser besondere Anschlußbleche von 8—10 mm Stärke an (Fig. 130a).

e) Die zur Auflagerung von Bindern bis 24 m Spannweite verwendeten Gleitlager werden nach den Regeln der Abt. III berechnet und durchgebildet. Zu beachten ist, daß die Mitte der Auflagerplatte stets mit der Lotrechten durch den Auflagerknotenpunkt

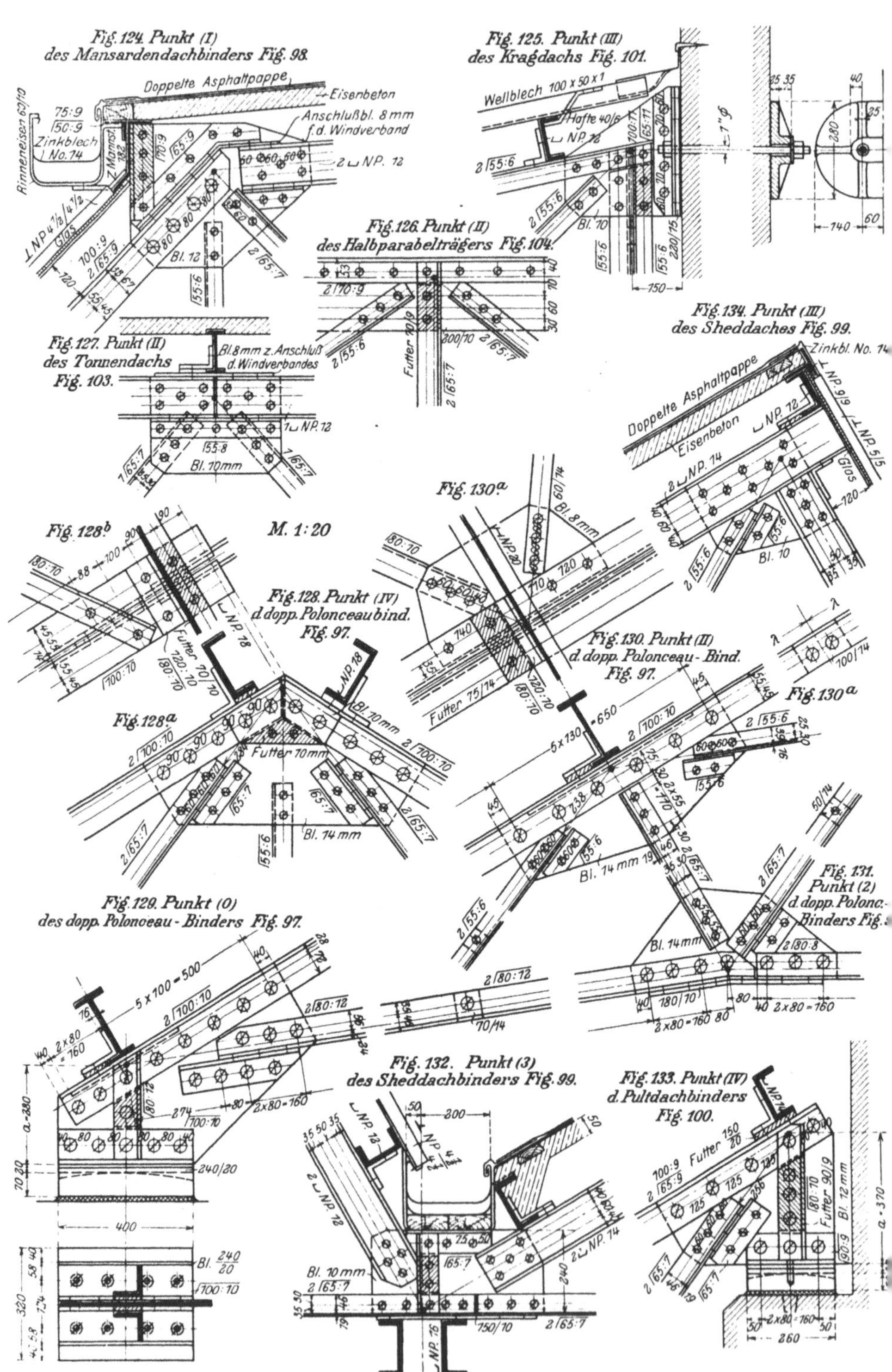

Fig. 124. Punkt (I) des Mansardendachbinders Fig. 98.

Fig. 125. Punkt (III) des Kragdachs Fig. 101.

Fig. 126. Punkt (II) des Halbparabelträgers Fig. 104.

Fig. 127. Punkt (II) des Tonnendachs Fig. 103.

Fig. 128. Punkt (IV) d. dopp. Polonceaubind. Fig. 97.

Fig. 129. Punkt (0) des dopp. Polonceau-Binders Fig. 97.

Fig. 130. Punkt (II) d. dopp. Polonceau-Bind. Fig. 97.

Fig. 131. Punkt (2) d. dopp. Polonc.-Binders Fig. 97.

Fig. 132. Punkt (3) des Sheddachbinders Fig. 99.

Fig. 133. Punkt (IV) d. Pultdachbinders Fig. 100.

Fig. 134. Punkt (III) des Sheddaches Fig. 99.

M. 1:20

Fig. 124—134.

zusammenfallen muß (besonders bei Pultdächern zu beachten, Fig. 133).

Auf Grund dieser Regeln ausgebildete Knotenpunkte sind in den Fig. 124—134 darstellt.

3. Ausbildung der Stäbe zwischen den Knotenpunkten. Die nebeneinander liegenden, nicht durchlaufend miteinander verbundenen Teile ein und desselben Stabquerschnitts müssen zwischen den Knotenpunkten miteinander verbunden werden, und zwar

bei den **Druckstäben** in den nach Gl. 17) berechneten Entfernungen λ, mindestens aber in den Drittelpunkten, durch **wenigstens zwei** (Fig. 130a), bei großen Abmessungen besser drei hintereinander sitzende Niete;

bei **Zugstäben** in 1,5—2,5 m Entfernung zur Erzielung einer möglichst gleichen Ablängung der einzelnen Teile zwischen den Knotenpunkten; hier genügt in der Regel ein Niet; nur bei starken Profilen werden zwei Niete hintereinander angeordnet.

B. Die Pfetten.

Hölzerne Pfetten erhalten rechteckigen (b:h = 5:7), eiserne $\mathbf{I}\,\mathbf{C}$, $\mathbf{Z}$, nur bei Binderentfernungen b $>$ 6 m auch fachwerkförmig gegliederten Querschnitt.

Die Mittellinie der Pfette (die stets durch den zugehörigen Knotenpunkt gehen muß) steht entweder lotrecht oder rechtwinklig zum Obergurt. In beiden Fällen ist für eine feste Verbindung der Pfette mit dem Obergurt zum Schutze gegen Rutschen und Kanten durch vor- und nebengelegte Winkeleisen zu sorgen; ein bloßes Vernieten bzw. Verschrauben der Pfetten oder ihrer Flanschen mit dem Obergurt ist nicht ausreichend.

Beispiele für die Befestigung rechtwinklig zum Obergurt stehender Pfetten mit Winkeleisen (die in der Werkstatt mit dem Binder vernietet werden und dadurch bei der Ausführung die geradlinige Lage des Pfettenstrangs gewährleisten) zeigen die Fig. 125, 127, 128, 129 und 134; bei H-Pfetten ist die Anordnung eines Futterstücks erforderlich.

First- und Traufpfetten werden entweder einteilig (Fig. 127, 129, 133, 134) oder zweiteilig (Fig. 128, 132) ausgebildet; in letzterem Falle kann die Profilhöhe durch Unterlagen von Futterstücken verkleinert werden.

Bei lotrecht stehender Mittellinie wird das Knotenblech nach oben verlängert und entweder mit wagerechten Auflagerwinkeln versehen (Fig. 135) oder unmittelbar zum Anschluß der Pfette mit senkrechten Winkeleisenstücken benutzt (Fig. 136). Zur Sicherung der vorstehenden dünnen Knotenbleche gegen Ausbiegen aus der Binderebene sind soviel Aussteifungswinkel anzuordnen, daß jeder beliebige durch das Knotenblech gelegte Schnitt nicht nur dieses selbst, sondern auch mindestens ein Winkeleisen trifft.

Rechnerisch ist die lotrechte Lage der Pfette (Fig. 137) vorteilhafter als die zum Obergurt rechtwinklige (Fig. 138), da $W \sin a < G \sin a$ ist. Dieser Vorteil

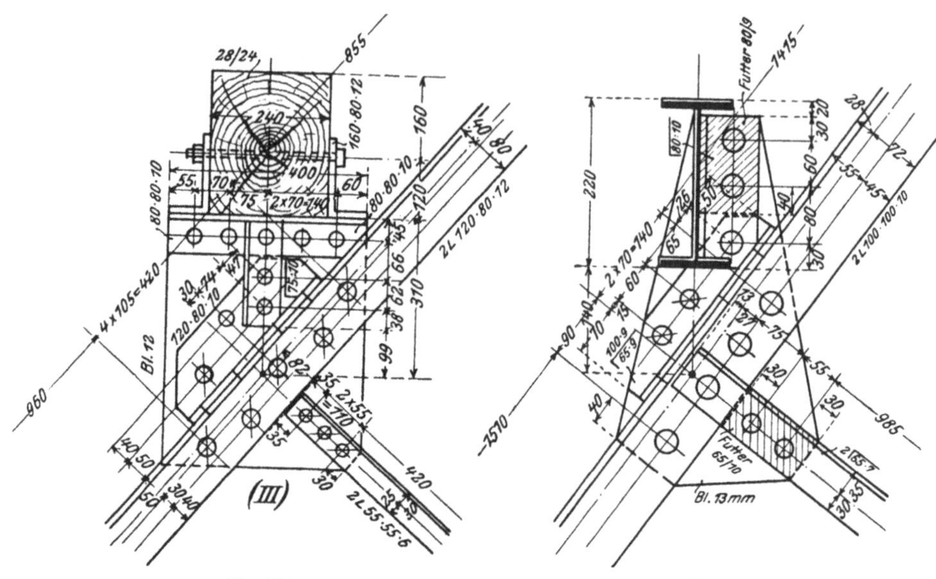

Fig. 135.   Fig. 136.

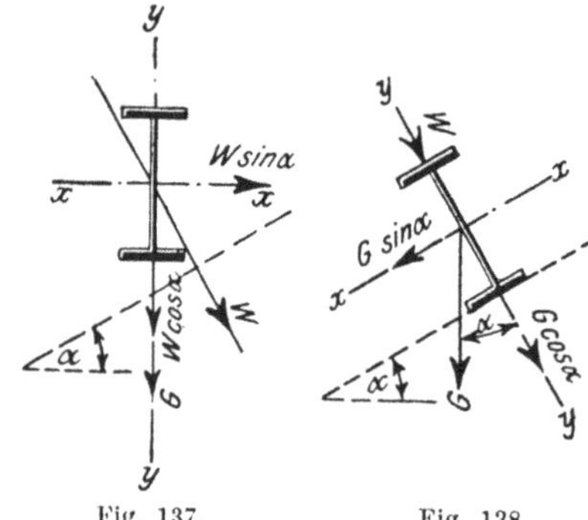

Fig. 137.   Fig. 138.

wird aber durch den Mehraufwand an Eisen und Arbeit zum Anschluß der Pfette und zur Aussteifung des vorstehenden Knotenblechs weit übertroffen. Man wählt daher die lotrechte Pfettenlage nur bei steilen Dächern und da, wo die Pfettenmittellinie im Grundriß nicht rechtwinklig zur Bindermittellinie steht (bei vieleckiger Grundrißform des Raums).

Bei Gebäuden von mehr als etwa 20 m Länge werden die Pfetten mit festen und beweglichen Gelenken nach Fig. 32 versehen, einmal der Materialersparnis wegen, dann aber zur Berücksichtigung der Längenänderungen bei Temperaturwechsel.

VIII. Die wichtigsten Dachdeckungen eiserner Dächer.

I. Falzziegeldeckung (Fig. 139): Kleinste Dachneigung $h/l = {}^1\!/_3$. Sparren in 0,75—1,25 m Entfernung aus ⊏-, seltener I- oder Z-Eisen. Latten in 0,30—0,33 m Entfernung aus ∟-Eisen ($\overline{25:4}$ bis $\overline{40:6}$); genaue Lattenentfernung vorher anfragen!

II. Holzzementdeckung
(Fig. 140): kleinste Dachneigung $h/l = {}^1\!/_{40}$. Holzzement = 60 T. Teer +
15 T. Asphalt + 25 T.
Schwefel. Dachfläche entweder aus einer Bretterschalung (3—3,5 cm) auf
Holzsparren ($^{13}\!/_{16}$ bis $^{14}\!/_{18}$ cm)
oder aus einer gewölbten
oder ebenen Decke (Schwemmsteine, Bimsbeton mit Eisen-

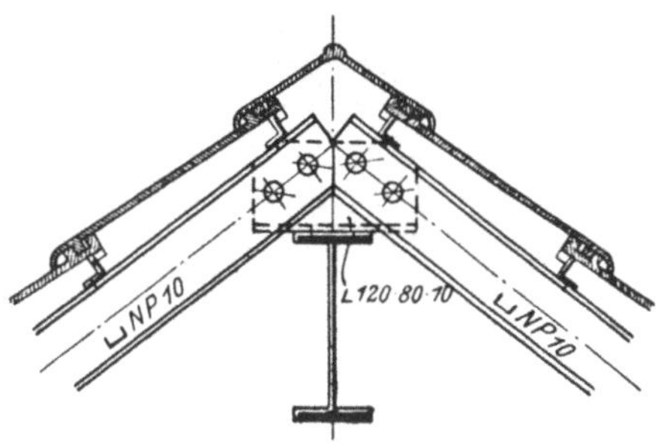

Fig. 139.

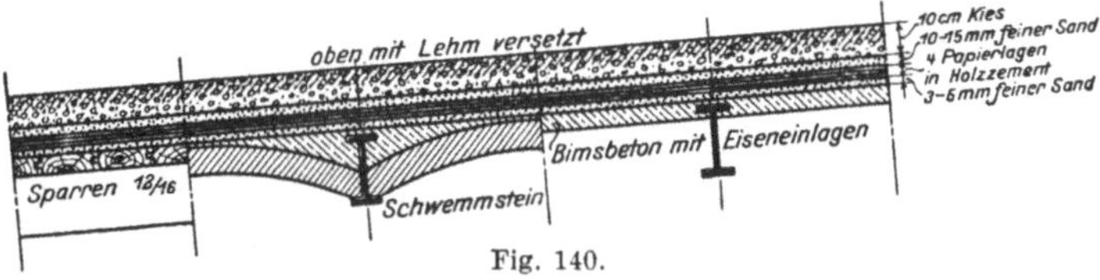

Fig. 140.

einlagen) zwischen I-Pfetten.

Über die Dachfläche wird zunächst 3—5 mm hoch feiner Sand
gesiebt, zur Verhütung des Anklebens der untersten Papierlage; darüber
meist 4 Papierlagen, von denen die vorhergehende mit Holzzement
gestrichen wird, ehe die nächstfolgende aufgebracht wird. Die oberste
Lage wird nochmals mit Holzzement gestrichen, darauf 10—15 mm
hoch mit feinem trockenen Sand übersiebt und endlich 6—10 cm hoch
mit nach oben hin immer gröber werdendem, in der obersten Schicht zum
Schutz gegen Abwehen und Abspülen mit Lehm versetztem Kies überdeckt.

In der Anlage teuer, aber vollständig wasser-, wärme- und feuersicher; geringe Unterhaltungskosten.

III. Asphaltpappedeckung (Fig. 141): kleinste
Dachneigung $h/l = {}^1\!/_{15}$.

Die Dachfläche (ausgebildet wie bei der
Holzzementdeckung) wird mit feinem trockenen
Sand übersiebt und darauf von der Traufe
beginnend und mit ihr parallel mit zwei um
die halbe Rollenbreite von 1 m gegeneinander
versetzten Lagen von Asphaltpappe überdeckt,

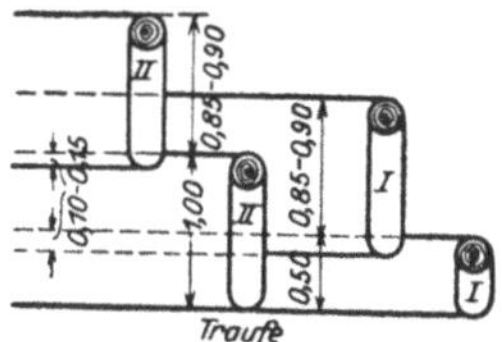

Fig. 141.

die mit Teer + 15 % Asphalt zusammengeklebt werden. Die oberste
Lage erhält dann aus derselben Masse einen nochmaligen Anstrich,
der alle 2 bis 4 Jahre, wenn die Pappe zutage tritt, erneuert werden muß.

IV. Wellblechdeckung: kleinste Dachneigung $h/l = {}^1\!/_{15}$. Vorzüge
des Wellblechs: große Tragfähigkeit bei geringem Eigengewicht, daher
leichte Unterkonstruktion; gute Wasserabführung in den Wellentälern, daher flache Dachneigung.

Nachteile: leichte Zerstörbarkeit durch Rost und gute Wärmeleitung; daher zur Überdeckung von Fabrikräumen nicht geeignet.

Das Wellblech kommt eben auf eisernen Pfetten und Bindern (Binderdach) oder gebogen (bombiert) ohne besondere Unterkonstruktion (frei tragendes oder bombiertes Dach) zur Verwendung; in letzterem Falle bildet das Wellblech ein Kappengewölbe von $f = \frac{1}{4}$ L bis $\frac{1}{6}$ L Pfeilhöhe, das seinen Horizontalschub auf durch die Längsmauern unterstützte eiserne Träger (⊔- oder ⊥-Eisen) überträgt, die ihrerseits zum Ausgleich des Schubs in 2—4 m Entfernung durch eiserne Anker verbunden sind.

Bei den Binderdächern wird (je nach der Pfettenentfernung) ebenes

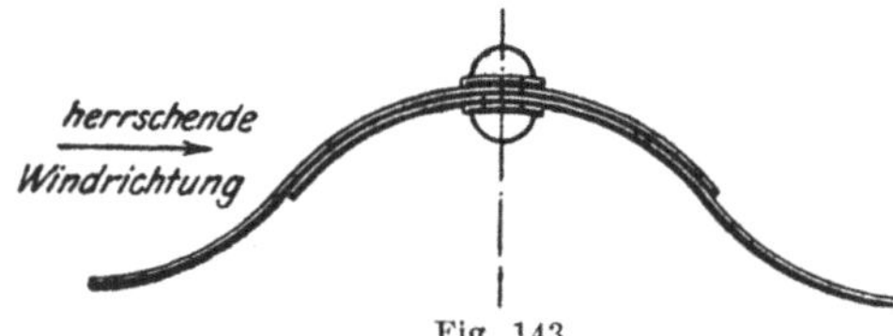

Fig. 142.

und Trägerwellblech, bei den frei tragenden stets Trägerwellblech verwendet, und zwar verzinkt, 1 bis 2 mm stark. Man unterscheidet die tatsächliche Breite einer Wellblechtafel (Fig. 142) und die Nutz- oder Baubreite.

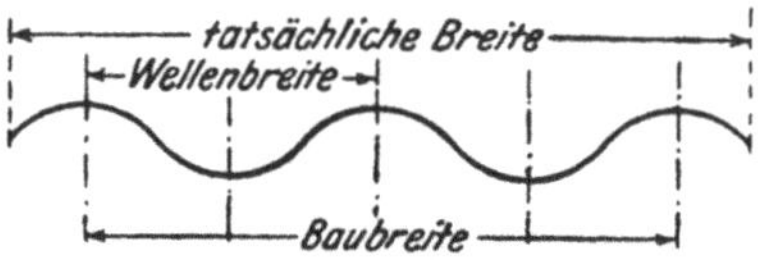

In der schrägen Dachfläche bilden sich senkrechte und wagerechte Fugen.

1. In den senkrechten Fugen überdecken sich die Tafeln der

Fig. 143.

Breite nach um $\frac{1}{4}$ Wellenbreite (Fig. 143) und werden in den Wellenbergen in Abständen von 400—600 mm durch Niete von 6—8 mm Durchm. zusammengeheftet; unter die Nietköpfe werden zur Vergrößerung der Gesamtblechdicke runde Plättchen aus Zink oder verzinktem Eisenblech gelegt.

2. Die wagerechten Fugen werden am besten über einer Platte

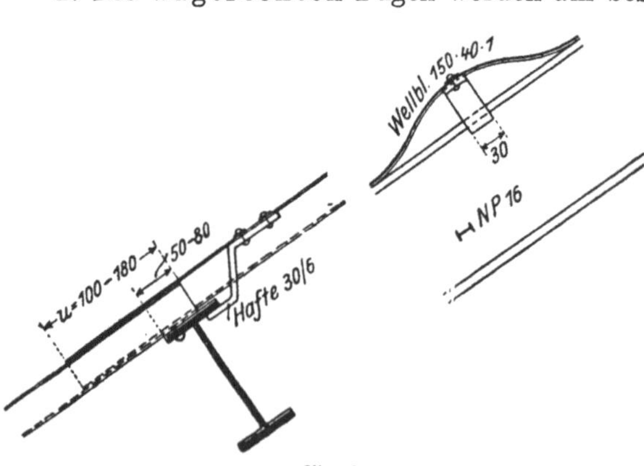

Fig. 144.

angeordnet (Fig. 144). Der obere Rand der unteren Tafel wird in jedem zweiten bis vierten Wellental mit dem Pfettenflansch durch oben versenkte Niete von 8—10 mm Durchm. verbunden und durch den unteren Rand der oberen Tafel um 10—18 cm (je nach der Dachneigung) überdeckt; letztere wird gegen Abheben durch Haften aus verzinktem Eisenblech ($\frac{30}{4}$ bis $\frac{50}{6}$) gesichert, die in jedem zweiten bis dritten Wellenberg durch 2 bis 3 Niete von 6—8 mm Durchm. angenietet sind und so unter den Pfettenflansch greifen, daß genügender Spielraum für die Bewegungen der Tafel bei Temperaturschwankungen bleibt. Eine Vernietung der sich überdeckenden Tafeln ist bei Binderdächern entbehrlich, dagegen bei bombierten (wegen der Übertragung des Horizontalschubs) unbedingt erforderlich.

Die Überdeckung der Firstfuge erfolgt mit einem gebogenen Wellblechstreifen desselben Profils (Fig. 145), das in den Wellenbergen durch 1 bis 2 Niete von 6—8 mm Durchmesser angeschlossen ist.

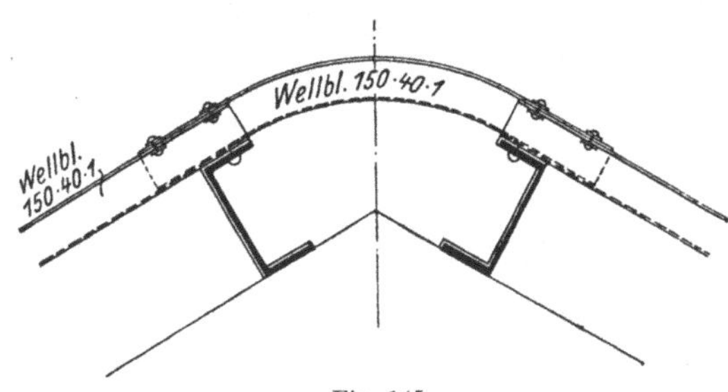

Fig. 145.

V. Glasdeckung (Oberlichte): kleinste Dachneigung $h/l = \frac{1}{3}$.

1. *Glassorten:*

a) geblasenes Rohglas, in Stärken von 3 bis 5 mm;

b) gegossenes Rohglas, in Stärken von 6—12 mm;

c) Drahtglas, in Stärken von 5—10 mm, hergestellt aus Rohglas mit an einer Seite eingelegtem 1 mm starken Drahtnetz; größere Tragfähigkeit und Feuersicherheit; Fortfall der sonst unter den Glasflächen erforderlichen Drahtschutznetze.

2. *Anordnung der Oberlichtflächen:*

a) Die Glasfläche liegt in der Dachfläche (Fig. 146), oft unter Änderung des Dachneigungswinkels, z. B. beim Mansardendach (Fig. 98) und Sheddach (Fig. 99).

b) Die Glasfläche liegt in Form einer Laterne erhöht (Fig. 147).

c) Die Glasfläche ist in eine Anzahl kleiner Satteldächer aufgelöst, deren Längsachse senkrecht zur Achse des Hauptdachs steht (Fig. 148); Neigungswinkel 45°; Länge gleich der im

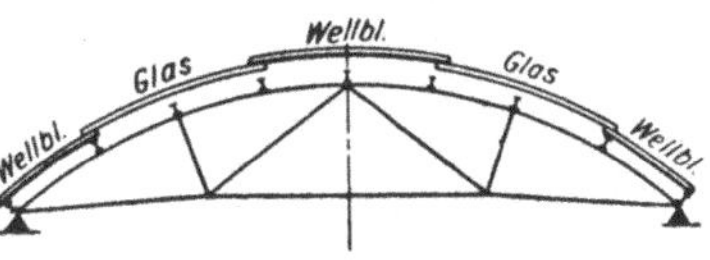

Fig. 146.

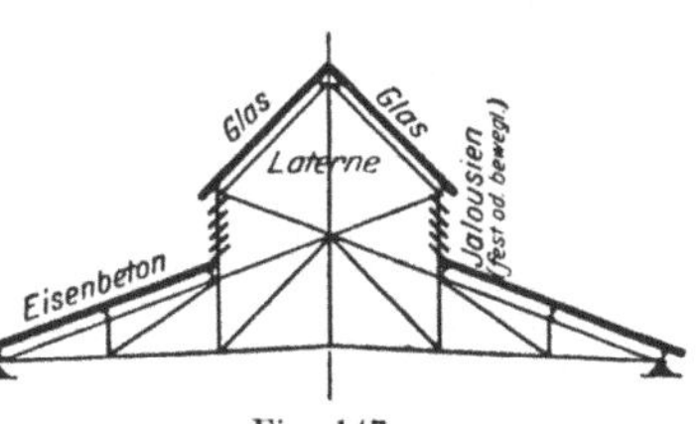

Fig. 147.

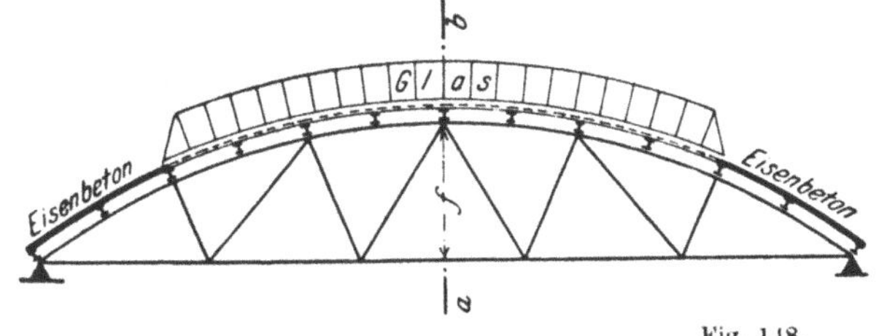

Fig. 148.

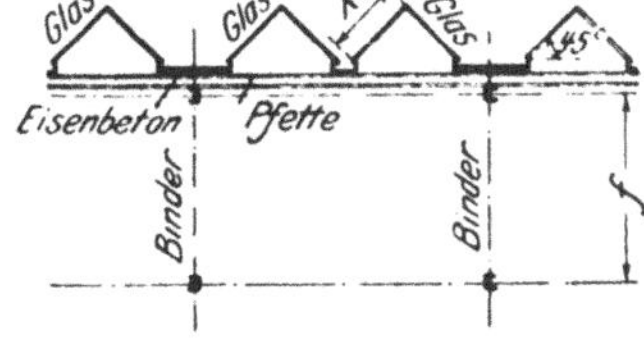

Handel gebräuchlichen Länge einer Glastafel (zur Vermeidung der wagerechten Fugen); dafür aber verwickeltere und teurere Eisenkonstruktion.

3. *Fugen.* In der Glasfläche entstehen wie bei der Wellblechdeckung wagerechte und senkrechte Fugen.

a) In den wagerechten Fugen überdecken sich die Glastafeln je nach der Dachneigung um 4 bis 14 cm. Die Fugen sind entweder enge (2—6 mm; Dichtung durch Kitt (Fig. 149) oder durch einen Streifen aus Filz, Filz in Bleipapier (¼ mm), Bleipapier, Gummi, Glas, der mit

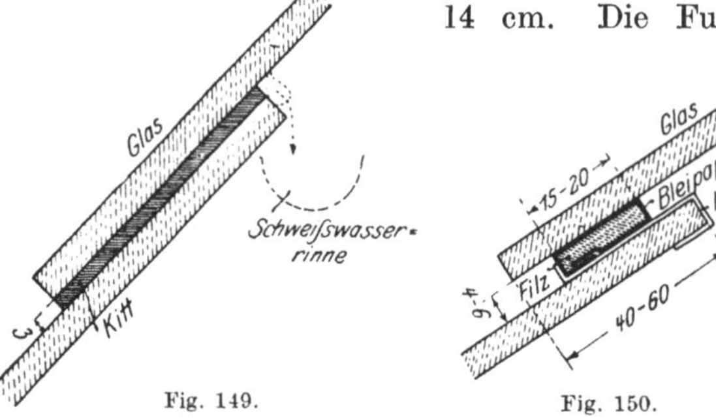

Fig. 149.   Fig. 150.

Haken aus Zink-, Kupfer- oder verzinktem Eisenblech an der unteren Tafel aufgehängt wird, Fig. 150), oder aber weite (> 6 mm), wobei zur Dichtung ein ⊓- oder ⊔-förmiges Zwischenstück eingelegt(Fig.151) oder aber auf eine Dichtung ganz verzichtet und zur Ableitung des eindringenden

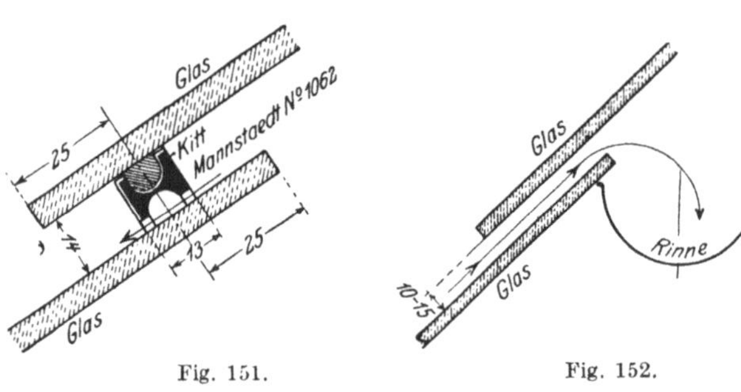

Fig. 151.   Fig. 152.

Regenwassers innen eine Rinne angebracht wird (Fig. 152).

Die wagerechten Fugen sind schwer dauernd dicht zu halten und werden daher, wenn irgend möglich, vermieden.

b) In den senkrechten Fugen werden die Glastafeln von den Sprossen getragen, deren Entfernung 0,5—0,8 m beträgt. Sie können sein:

α) geschlossene Sprossen (⊥-oder +-förmig): Dichtung durch Kitt (Fig. 153); Schutz gegen Abheben durch Stifte von 6—8 mm Durchm., 2—3 mm über der Glasoberfläche, 100—200 mm vomTafelrand entfernt;

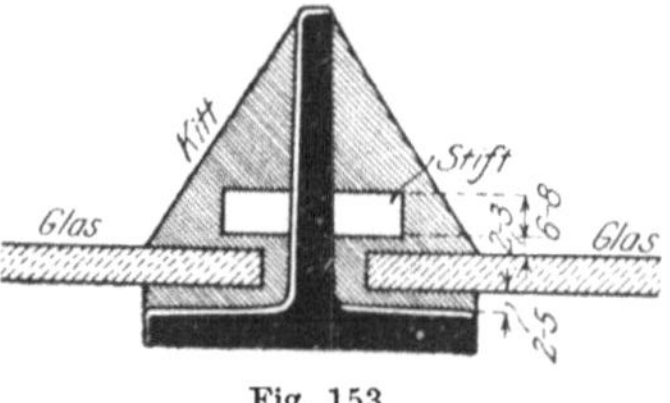

Fig. 153.

Schutz gegen Abgleiten durch Umbiegen der Flansche (Fig. 154) oder Vornieten von Winkeleisenstücken (Fig. 155). Nachteil: feste Verbindung zwischen Glas und Eisen durch den Kitt.

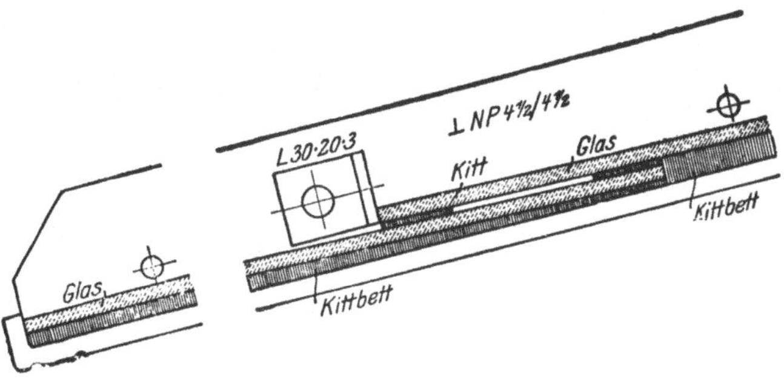

Fig. 154.   Fig. 155.

β) Offene oder Rinnensprossen: Dichtung durch Filzstreifen (Fig. 156); Schutz gegen Abheben durch Blatt- oder Spiral-

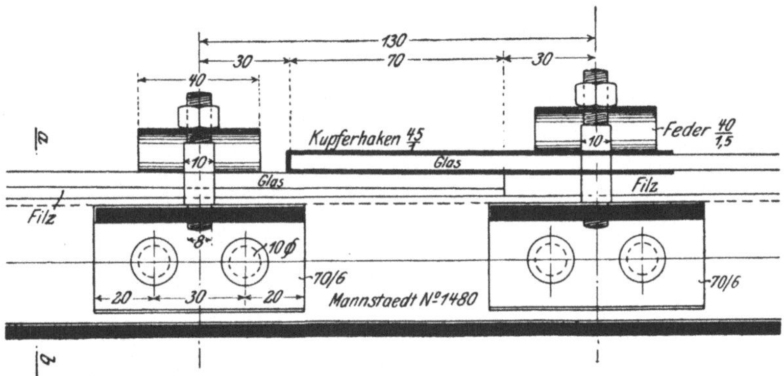

Fig. 156 a.

federn (Federstahl 1—2 mm
stark); Schutz gegen Abgleiten
durch Glashalter, d. s. Haken aus

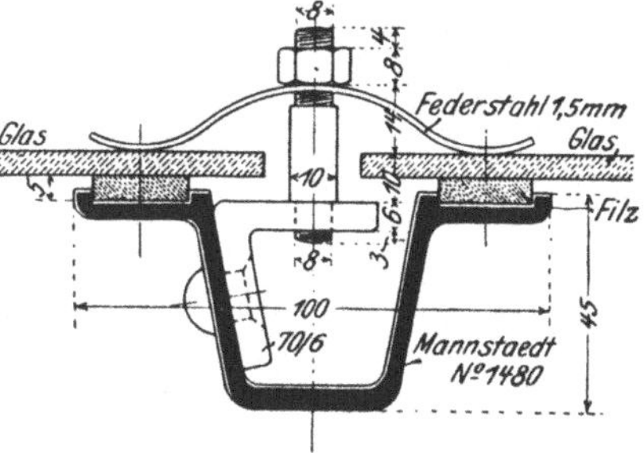

Fig. 156 b. Schnitt a—b.

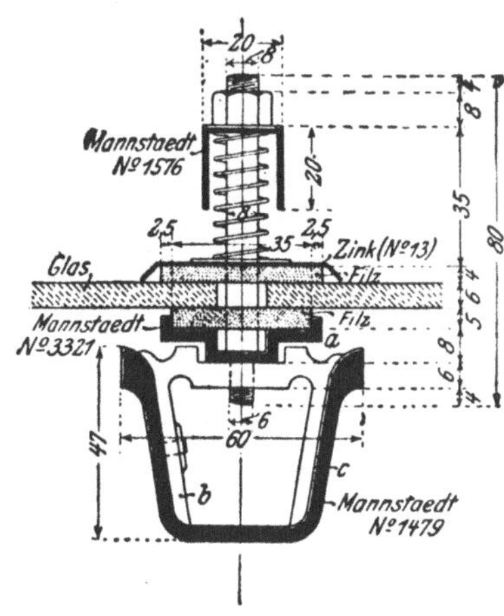

Fig. 157.

Zink-, Kupfer- oder verzinktem
Eisenblech. Die Rinnensprossen er-
lauben die freie Bewegung der Eisenkonstruktion gegenüber den Glastafeln; daher weniger Scheibenbruch.
Soll vollständige Tropfsicherheit erzielt werden, so wird nach Fig. 157
über der Rinnensprosse ein besonderer

Träger a für die Glastafeln angeordnet, der in Abständen von 0,5 bis 0,8 m durch Bügel b gegen die Sprosse c abgestützt ist; durch Höherrücken dieser Bügel um die Glasstärke wird die glatte Überdeckung der Tafeln in den wagerechten Fugen ermöglicht.

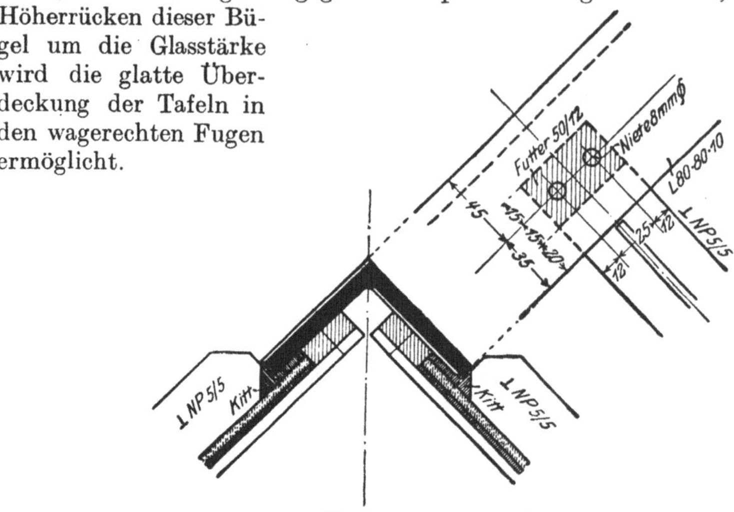

Fig. 158.

c) In der Firstfuge wird die Dichtung bei geschlossenen Sprossen durch die Firstpfette selbst nach Fig. 158 (vgl. auch Fig. 134) erzielt, bei offenen Sprossen durch ein abgebogenes Blech aus Zink, Kupfer oder verzinktem Eisen nach Fig. 159, das durch die obersten Sprossenfedern gehalten ist.

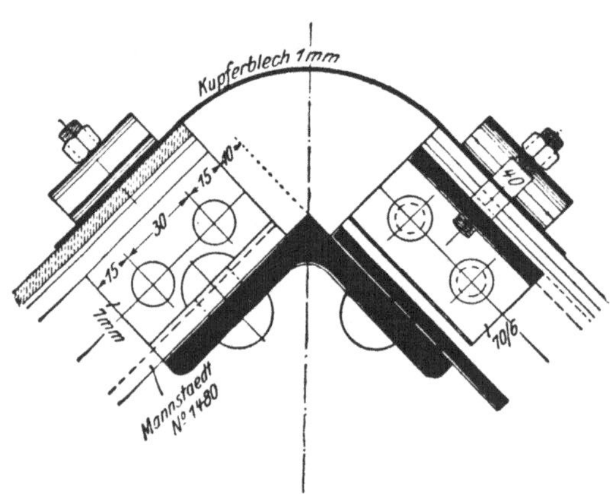

Fig. 159.

IX. Fachwerkwände.

Die einzelnen Teile einer eisernen Fachwerkwand (Fig. 160) sind: Schwelle a, Rähm b, Pfosten oder Ständer c, Streben d und Riegel e.

Die Ausfüllung der Fache erfolgt entweder in Mauerwerk oder in Wellblech oder Glas.

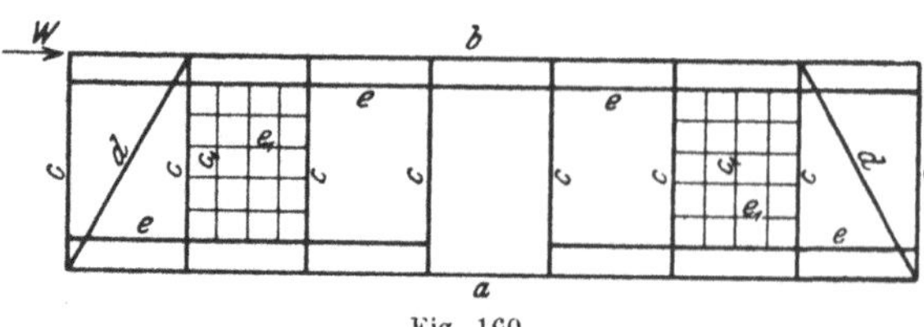

Fig. 160.

1. **Bei Ausmauerung** der Fache werden bei beiderseits verputzten **Innenwänden** alle Teile aus ⊢ bez. ⊏-Eisen (NP. 14, seltener

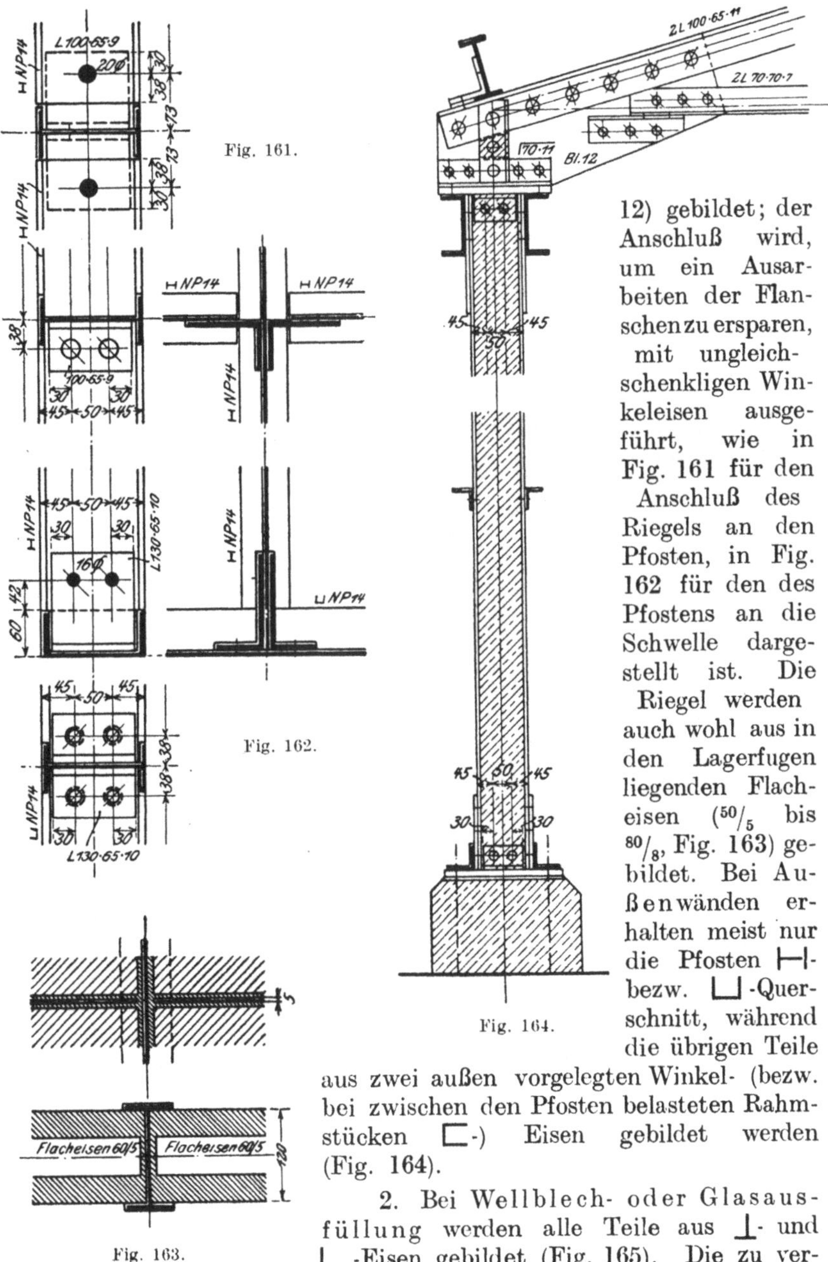

Fig. 161.

Fig. 162.

Fig. 163.

Fig. 164.

12) gebildet; der Anschluß wird, um ein Ausarbeiten der Flanschen zu ersparen, mit ungleichschenkligen Winkeleisen ausgeführt, wie in Fig. 161 für den Anschluß des Riegels an den Pfosten, in Fig. 162 für den des Pfostens an die Schwelle dargestellt ist. Die Riegel werden auch wohl aus in den Lagerfugen liegenden Flacheisen ($^{50}/_5$ bis $^{80}/_8$, Fig. 163) gebildet. Bei Außenwänden erhalten meist nur die Pfosten ⊢ bezw. ⊔-Querschnitt, während die übrigen Teile aus zwei außen vorgelegten Winkel- (bezw. bei zwischen den Pfosten belasteten Rahmstücken ⊏-) Eisen gebildet werden (Fig. 164).

2. **Bei Wellblech- oder Glasausfüllung** werden alle Teile aus ⊥- und ⊦-Eisen gebildet (Fig. 165). Die zu ver-

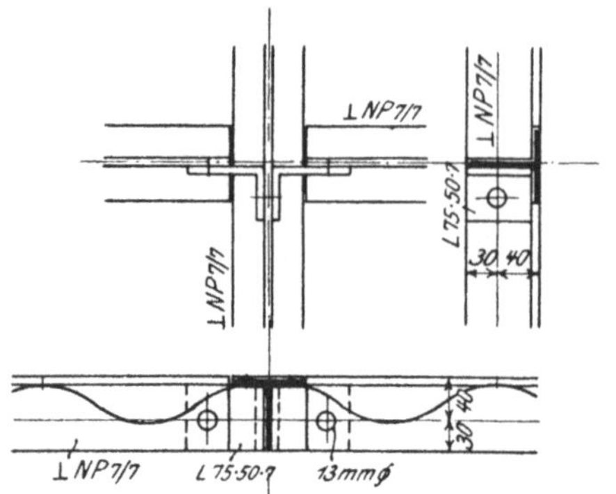

Fig. 165.

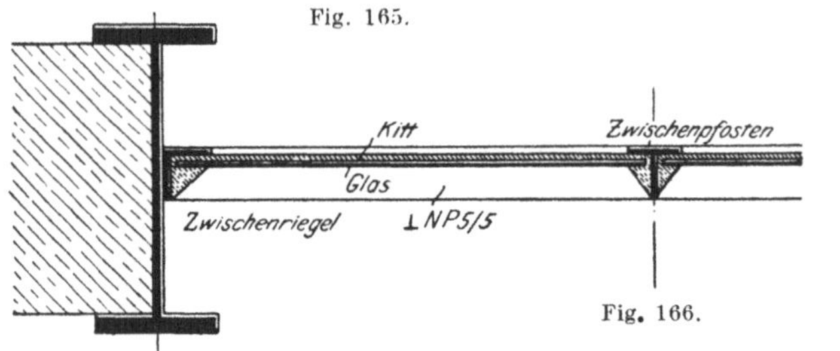

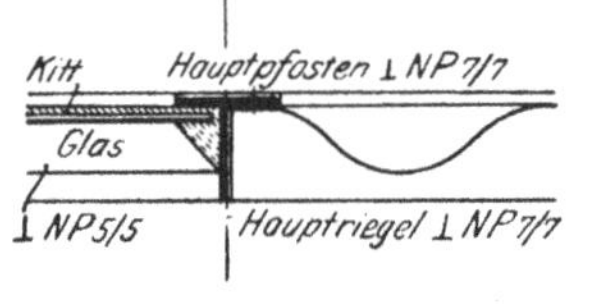

Fig. 166.

glasenden Fache werden dabei zur Erzielung handelsüblicher Glastafelabmessungen (0,48—0,6 m Seitenlänge) durch Zwischenpfosten (c_1 Fig. 160) und Zwischenriegel (e_1) untergeteilt, wie in Fig. 166 dargestellt, aus der auch der Anschluß an die Pfosten c (Hauptpfosten) ersichtlich ist.

X. Treppen.

I. Die einzelnen Teile einer Treppe (Fig. 167) sind:

1. die Stufen, und zwar die senkrechte Setz- und die wagerechte Trittstufe, deren Höhe s und Auftrittbreite b durch die Gleichung $2\,s + b = 63$ cm die Steigung der Treppe bestimmen (s = 16 — 18 cm bei stark, $s \leq 24$ cm bei wenig begangenen Treppen). Zu ihrer Unterstützung dienen

2. die Wangen, entweder unterhalb der Stufen (aufgesattelte Treppe) oder in gleicher Höhe mit ihnen (eingeschobene Treppe)

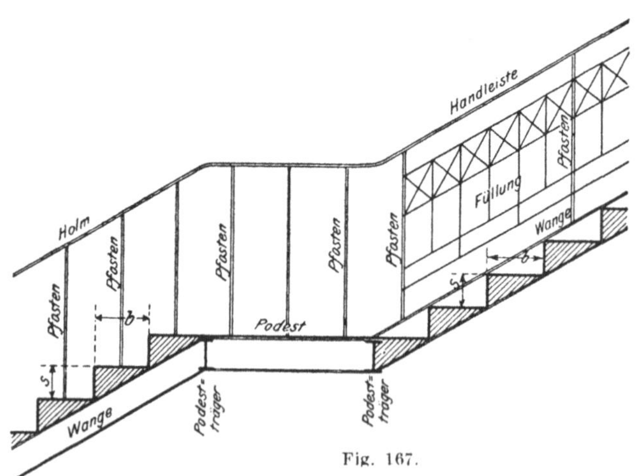

Fig. 167.

liegend. Ihre Entfernung voneinander bestimmt die Breite der Treppe ($\geq$ 1,2 m bei stark, 0,4—0,6 m bei wenig begangenen Treppen). Sie schließen sich an

3. die **Podestträger**, zwischen denen die Podeste (Ruheplätze) liegen, deren Länge gleich einem Vielfachen der Schrittweite (0,6 m) gemacht wird. Zwischen je zwei Podesten sollen mindestens drei, höchstens 18 Stufen liegen, die dann zusammen einen **Treppenlauf** bilden, je nach dessen Form man gerade, gewundene und Wendeltreppen unterscheidet. An den freien Seiten der Treppenläufe befindet sich

4. das **Geländer**, bestehend aus **Handleiste** (Holm) und **Pfosten**; diese sind entweder eng gestellt (Fig. 167 links) oder aber weit (Fig. 167 rechts) und erfordern dann zum Schutz gegen Durchfallen eine besondere **Geländerfüllung**.

II. Gemischt eiserne Treppen. Die Wangen bestehen aus Flußeisen, die Stufen aus **Holz** (Fig. 168, bei reinen Nutztreppen oft unter Fortfall der Setzstufen, Fig. 169) oder aus **Stein** (Werksteine als **Blockstufen**, Fig. 170, oder eine zwischen den Wangen gespannte gewölbte oder ebene Decke) oder endlich seltener aus **Gußeisen**.

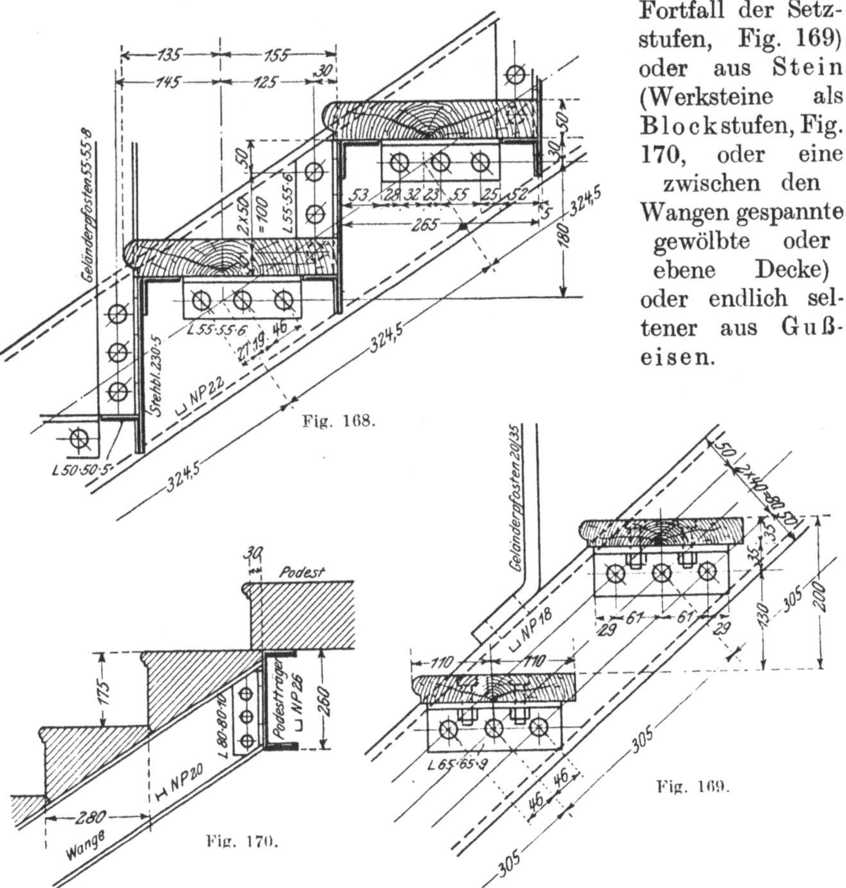

Fig. 168.

Fig. 170.

Fig. 169.

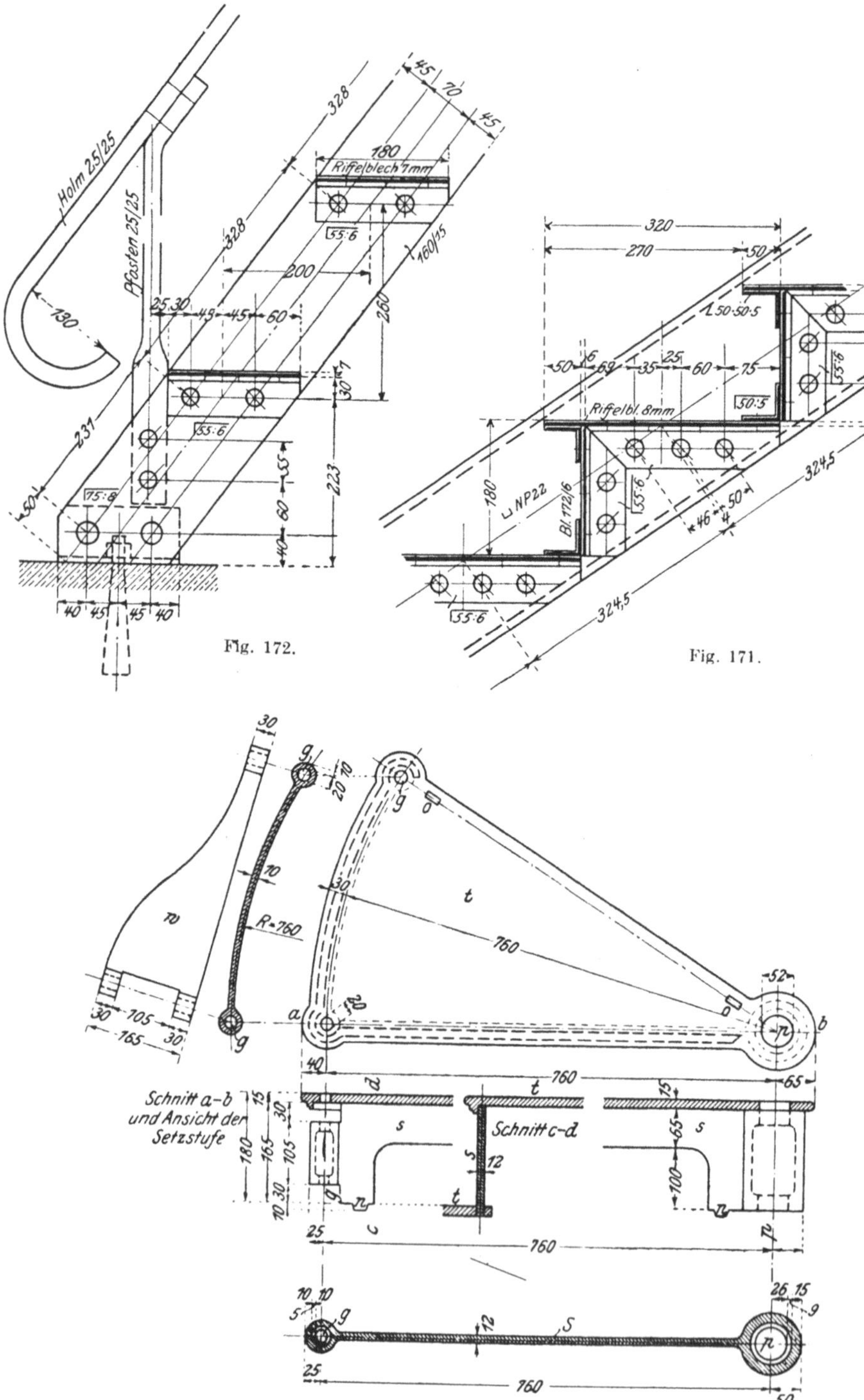
Holm 25/25
Pfosten 25/25
130
328
328
328
200
260
223
231
25.30
48
45
60
30
45
45
180
Riffelblech 7mm
55:6
160/15
55:6
75:8
50
40 45 45 40
40 60 55
Fig. 172.
320
270
50
L 50·50·5
50:5
55:6
50
50
6
69
35
25
60
75
Riffelbl. 8mm
L NP22
Bl. 172/6
55:6
180
46 50
4
324,5
324,5
55:6
Fig. 171.
30
g
g
g
20 10
70
70
R=760
t
760
30
52
n
a
b
40
760
65
Schnitt a–b
und Ansicht der
Setzstufe
15
30
180
165
105
10 30
25
s
s
d
t
Schnitt c–d
s
12
c
n
15
65
100
n
10 10
5
g
12
S
25
26 15
9
n
50
760
Fig. 174.

III. Rein eiserne Treppen: Wangen aus ⊢⊣- oder ⊔-Eisen (Fig. 171), bei wenig begangenen Treppen auch aus Flacheisen (Fig. 172). Trittstufen aus 6—8 mm starkem Riffelblech, das bei mehr als 0,6 m

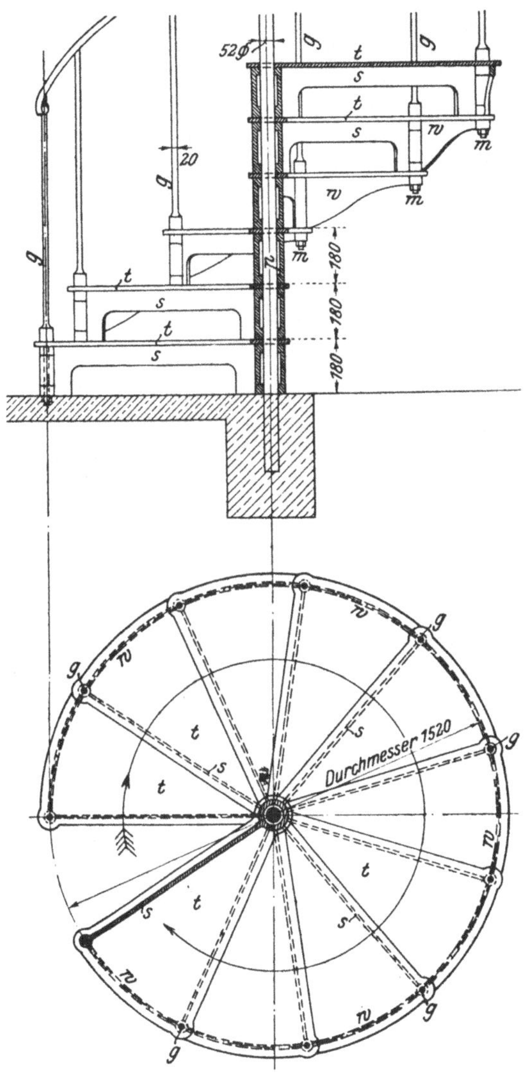

Fig. 173.

Treppenbreite durch Winkeleisen (45:5 bis 55:8) gesäumt wird. Die Setzstufen fehlen bei reinen Nutztreppen oft ganz (Fig. 172); sonst werden sie aus 5—8 mm starkem glatten oder durchbrochenem Blech gebildet und an die Trittstufen mit Winkeleisen angeschlossen (Fig. 171).

IV. Die Wendeltreppen werden mit 0,6—2,5 m Durchm. in Guß-
oder Flußeisen hergestellt. Sie bestehen aus der Spindel (p in
Fig. 173 und 174) aus Rundeisen oder Gasrohr, unten fest in Mauer-
werk oder Beton gelagert, den nach einem Kreisausschnitt geformten
Trittstufen t, den geraden Setzstufen s und den kreisförmig gebogenen
Wangenstücken w, die aber bei flußeisernen Treppen oft fehlen.
Alle drei Teile erhalten Bohrungen p zum Überschieben über die
Spindel und Bohrungen g zum Durchstecken der Geländerstäbe; diese
sind aus Rundeisen gebildet und unten mit Gewinde versehen. Durch
Anziehen der Muttern m (Fig. 173) werden alle Teile fest zusammen-
gepreßt.